Lambacher Schweizer 1

Das Trainingsbuch zum Lehrbuch

erarbeitet von
Heidi Buck
Rolf Dürr
Hans Freudigmann

Klett Lerntraining

Bibliografische Information der Deutschen Nationalbibliothek
Die Deutsche Nationalbibliothek verzeichnet diese Publikation in der Deutschen Nationalbibliografie; detaillierte bibliografische Daten sind im Internet über http://dnb.d-nb.de abrufbar.

Auflage 4 3 | 2013 2012
Die letzten Zahlen bezeichnen jeweils die Auflage und das Jahr des Druckes.

Dieses Werk folgt der reformierten Rechtschreibung und Zeichensetzung. Ausnahmen bilden Texte, bei denen künstlerische, philologische oder lizenzrechtliche oder andere Gründe einer Änderung entgegenstehen.

1. Auflage 2008
www.klett.de/lernhilfen

Grafische Zeichnungen: SMP Oehler, Remseck
Satz: SMP Oehler, Remseck
Druck: Mediahaus Biering GmbH, München

Printed in Germany
ISBN 978-3-12-929972-2

9 783129 299722

Inhaltsverzeichnis

Inhaltsverzeichnis

I Natürliche Zahlen

1 Zählen und darstellen

Natürliche Zahlen kann man mit Ziffern oder mit Worten schreiben.
Die **Zahl** vierzehntausenddreihundertunddrei lautet **in Ziffern** 14 303.
Die **Zahl** 3405 lautet **in Worten** dreitausendundvierhundertundfünf.

1 Die Zahl dreihundertundfünfundzwanzig lautet in Ziffern ____________________.

Sechstausendundneunhunderteinundneunzig lautet in Ziffern ____________________.

Wie schreibt man siebzigtausendsiebenhundertundsieben in Ziffern ? ________________.

2 Schreibe in Worten.

469 ____

3190 ____

68 093 ____

3 Welche Buchstaben gehören zusammen?

A neunhundertneunzig   **B** 999   **C** neunhundertundneun   **D** 900

E neunhundertundneunundneunzig   **F** 990   **G** 909   **H** neunhundert

A und _____; B und _____; C und _____; D und _____.

Mit den Zeichen > und < kann man „größer“ und „kleiner“ zwischen Zahlen ausdrücken.
Die Zahl 3299 ist **kleiner als** die Zahl 3421. Man schreibt 3299 < 3421.
Die Zahl 10 203 ist **größer als** die Zahl 10 099. Man schreibt 10 203 > 10 099.
Der **Vorgänger** von 70 900 ist 70 899. Der **Nachfolger** von 70 900 ist 70 901.

4 Setze das Kleinerzeichen < oder das Größerzeichen >.

4099 ______ 4109; 12 345 ______ 8989; 1221 ______ 1212; 40 909 ______ 40 099

5 Der Nachfolger von 1099 ist ______________.

Der Vorgänger von 12 000 ist ______________.

Die nächste natürliche Zahl nach 90 500 lautet ______________.

6 Ergänze die passenden Zahlen. 4589 < ______ < ______ < ______ < 4593.

> **Eine natürliche Zahl besteht aus Ziffern. Jede Ziffer hat einen Stellenwert.**
> Bei der Zahl 34 297 hat die Ziffer 7 den Stellenwert Eins, die Ziffer 9 den Stellenwert Zehn, die Ziffer 2 den Stellenwert Hundert usw..
> Die größte vierstellige Zahl ist 9999.
> Die kleinste vierstellige Zahl ist 1000.
> Die größte vierstellige Zahl aus vier verschiedenen Ziffern ist 9876.

7 Bei der Zahl 4070 hat die Ziffer 4 den Stellenwert ______________________________.

Welchen Stellenwert hat bei der Zahl 67 391 die Ziffer 6? ____________.

Die Ziffer 5 hat bei der Zahl 60 152 den Stellenwert ________________.

8 Bei der Zahl 97 375 hat die Ziffer _______ den Stellenwert Hundert und die Ziffer _______ den Stellenwert Zehntausend.

9 Die größte dreistellige Zahl ist ______________________________.

Die kleinste dreistellige Zahl ist ______________________________.

Die kleinste dreistellige Zahl mit drei verschiedenen Ziffern lautet ____________________.

Die kleinste vierstellige Zahl, die gleich viele Ziffern 3 und 5 enthält, lautet ____________.

Die größte sechsstellige Zahl, die gleich viele Ziffern 8 und 9 enthält lautet ___________.

2 Große Zahlen

Für die Zahlen 10, 100, 1000, 10 000 ... gibt es eine besondere Schreibweise.

$10 = \mathbf{10^1}$ (sprich: zehn hoch eins)

$100 = 10 \cdot 10 = \mathbf{10^2}$ (sprich: zehn hoch zwei)

$1000 = 10 \cdot 10 \cdot 10 = \mathbf{10^3}$ (sprich: zehn hoch drei)

usw..

Diese Schreibweise wird oft bei großen Zahlen verwendet:

1 Million = 1 000 000 = $\mathbf{10^6}$ (sprich: zehn hoch sechs)

1 Milliarde = 1 000 000 000 = $\mathbf{10^9}$ (sprich: zehn hoch neun)

1 Billion = 1 000 000 000 000 = $\mathbf{10^{12}}$ (sprich: zehn hoch zwölf)

1 Welche Buchstaben passen zu der Zahl 1 000 000 000?

A 10^9 **B** eine Billion **C** eine Milliarde **D** 10^8 **E** zehn hoch neun

_________ und _________ und _________.

2 Fülle die Tabelle in den verschiedenen Schreibweisen aus.

10	10^1	zehn
100	10^2	hundert
1000		
	10^4	zehntausend
100 000		
		eine Million
	10^7	
		hundert Millionen
1 000 000 000		
10 000 000 000		zehn Milliarden
	10^{11}	
		eine Billion

3 Füge eines der Zeichen <, >, = ein.

1 000 000 ____ 1 Milliarde; 10^7 ____ hunderttausend; 1 Million ____ 10^6

10^3 ____ eintausend; 100 000 000 ____ 10^9; 10^9 ____ 1 Milliarde

Eine natürliche Zahl **rundet** man auf eine vorher festgelegte Stelle.
Steht an der nächstkleineren Stelle eine der Ziffern 0, 1, 2, 3 oder 4 , dann wird **abgerundet**.
Steht an der nächstkleineren Stelle eine der Ziffern 5, 6, 7, 8 oder 9 , dann wird **aufgerundet**.
34 583 **gerundet auf Zehner** ergibt 34 580.
34 583 **gerundet auf Hunderter** ergibt 34 600.
34 583 **gerundet auf Tausender** ergibt 35 000.
34 783 **gerundet auf Zehntausender** ergibt 30 000.

4 Ergänze die richtige Ziffer.

4682 gerundet auf Hunderter ergibt 4 ___ 0 0

50 541 gerundet auf Tausender ergibt 5 ___ 0 0 0

11 111 gerundet auf Tausender ergibt 1 ___ 0 0 0

401 999 gerundet auf Zehntausender ergibt 4 ___ 0 0 0 0

5 367 gerundet auf Zehner ergibt ________________.

45 090 gerundet auf Hunderter ergibt ________________.

45 090 gerundet auf Tausender ergibt ________________.

2 080 400 gerundet auf Tausender ergibt ________________.

6 Welche Zahlen ergeben auf Tausender gerundet 45 000 ? Gib alle passenden Buchstaben an.

A 45 499 **B** 45 100 **C** 40 900 **D** 44 500 **E** 44 499

____________ und ____________ und ____________.

7 8,61 € gerundet auf ganze € ergibt ____________________ €.

232,50 € gerundet auf ganze € ergibt ____________________ €.

Zahlen kann man mit einer Tabelle, einem Säulendiagramm oder einem Balkendiagramm darstellen und vergleichen.
Bei großen Zahlen wird vorher gerundet.

Tabelle

Klassenstufe	Dorfschule	Waldschule	Stadtschule	Landschule
Schülerzahl	274	315	449	150
gerundet	270	320	450	150

Säulendiagramm

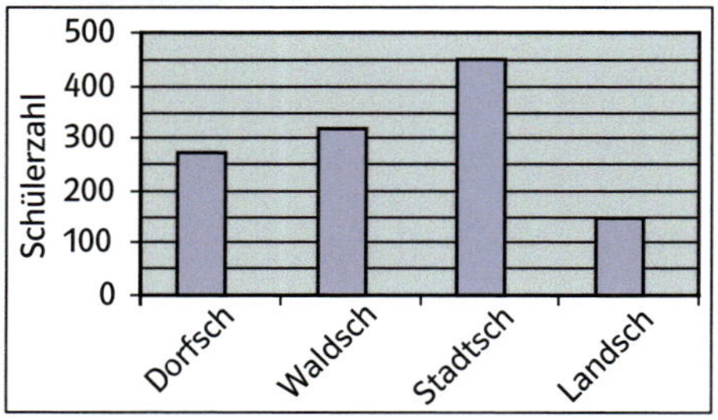

Balkendiagramm

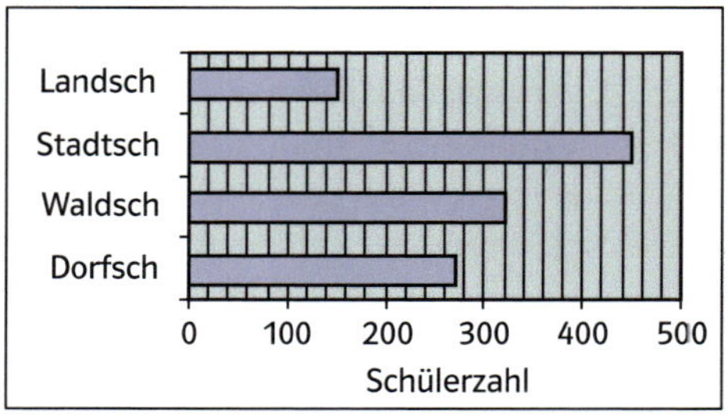

8 Stelle die Zahlen aus der Tabelle in dem Säulendiagramm dar.

Baum	Esche	Fichte	Douglasie	Linde	Ahorn	Buche
Höhe	52 m	56 m	26 m	34 m	24 m	35 m

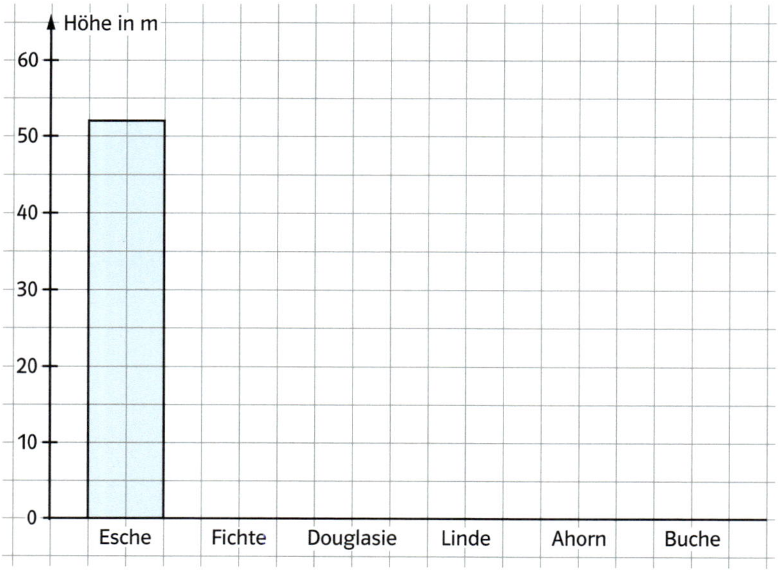

9 Runde die Zahlen aus der Tabelle und stelle sie in einem Balkendiagramm dar.

Tier	Reh	Elch	Leopard	Delphin	Seehund	Gorilla
Gewicht	51 kg	812 kg	78 kg	209 kg	95 kg	270 kg
gerundet auf 10 kg						

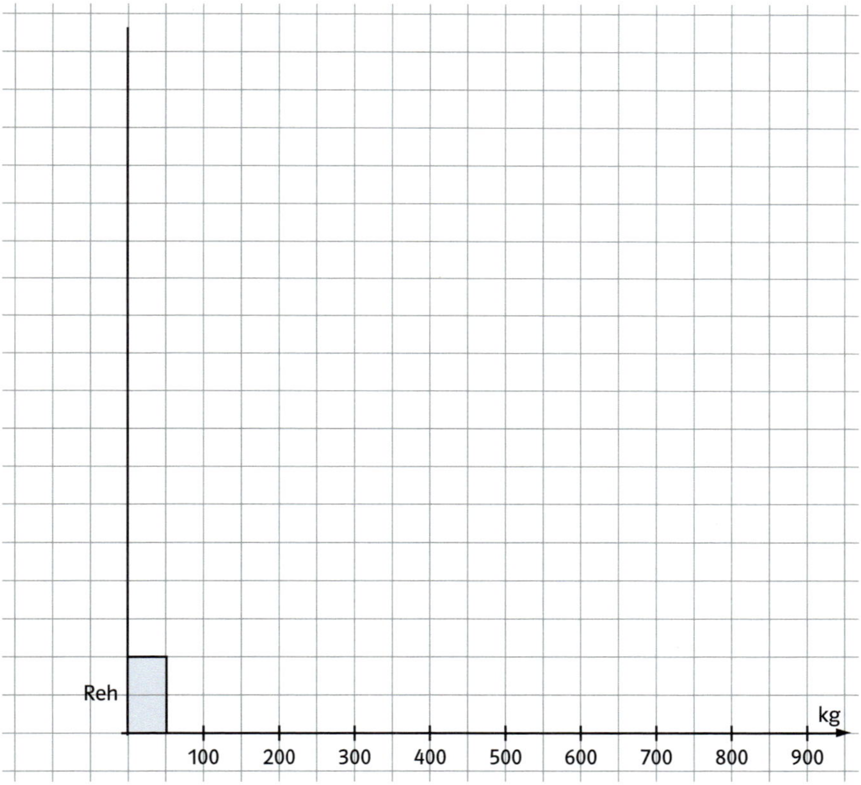

10 Zeichne ein Säulendiagramm zu den Zahlen in der Tabelle.

Pflanze	Apfelbaum	Efeu	Weinstock	Buche	Tanne	Pappel
Höchstalter in Jahren	200	440	130	900	500	150

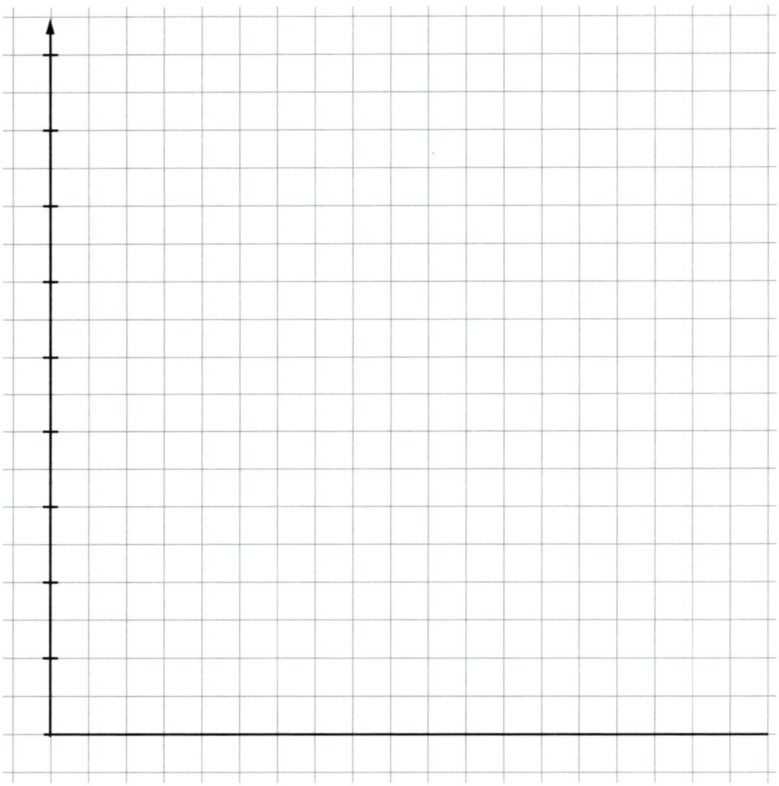

3 Rechnen mit natürlichen Zahlen

Beim **Addieren** von Zahlen berechnet man ihre **Summe**.

28 + 13 = 41	(sprich: 28 plus 13 ist gleich 41)
Die Summe von 110, 20 und 7 ist 137;	Rechnung: 110 + 20 + 7 = 137.
10^3 zu 2000 addiert ergibt 3000;	10^3 + 2000 = 1000 + 2000 = 3000.

Beim **Subtrahieren** von Zahlen berechnet man ihre **Differenz**.

34 − 22 = 12	(sprich: 34 minus 22 ist gleich 12)
Die Differenz von 53 und 7 ergibt 46;	Rechnung: 53 − 7 = 46.
500 von 610 subtrahiert ergibt 110;	610 − 500 = 110.

1

15 + 12 = ____	9 + 18 = ____	34 + 10 = ____	22 + 22 = ____
51 + 28 = ____	99 + 21 = ____	8 + 102 = ____	117 + 12 = ____

2

17 − 8 = ____	24 − 12 = ____	43 − 13 = ____	36 − 36 = ____
55 − 20 = ____	100 − 33 = ____	76 − 72 = ____	96 − 69 = ____

3

30 + ____ = 41	28 − ____ = 13	____ + 49 = 61	____ − 14 = 27
78 + ____ = 110	113 − ____ = 109	____ − 30 = 29	____ + 108 = 180

4 Die Differenz von 88 und 66 ist ______.

Die Summe von 102 und 21 ist ______.

Addiere die Zahlen 200 und 77. Ergebnis: ________ .

Subtrahiere die Zahlen 180 und 60. Ergebnis: ________ .

5 Welches der Wörter „Summe“, „Differenz“, „addieren“, „subtrahieren“ passt ?

48 ist die ______________ der Zahlen 32 und 16.

23 ist die ______________ der Zahlen 80 und 57.

Man muss die Zahlen 66 und 15 ____________, damit man die Zahl 51 erhält.

Man muss die Zahlen 72 und 13 ____________, damit man die Zahl 85 erhält.

3 Rechnen mit natürlichen Zahlen

6 Trage die fehlenden Zahlen ein.

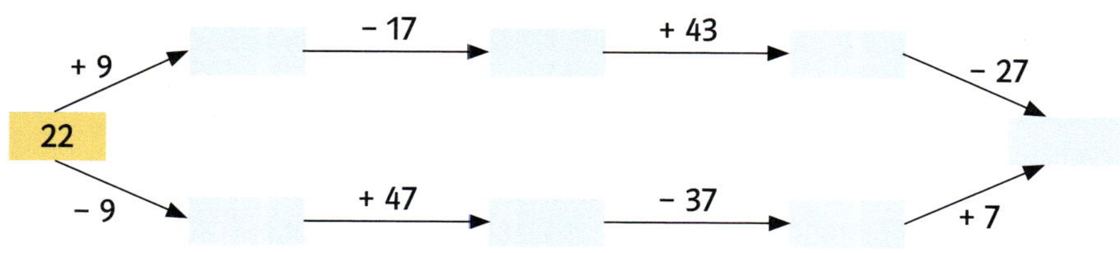

Beim **Multiplizieren** von Zahlen berechnet man ihr **Produkt**.
6 · 12 = 72 (sprich: 6 mal 12 ist gleich 72)
Das Produkt von 11 und 10 ist 110. 11 · 10 = 110
21 mit 3 multipliziert ergibt 63. 21 · 3 = 63

Beim **Dividieren** von Zahlen berechnet man ihren **Quotienten**.
24 : 8 = 3 (sprich: 24 geteilt durch 8 ist gleich 3)
Der Quotient von 100 und 25 ist 4. 100 : 25 = 4
21 dividiert durch 3 ergibt 7. 21 : 3 = 7

7 5 · 6 = ____ 9 · 4 = ____ 3 · 12 = ____ 10 · 11 = ____
8 · 7 = ____ 9 · 7 = ____ 6 · 13 = ____ 12 · 9 = ____

8 12 : 4 = ____ 24 : 12 = ____ 40 : 10 = ____ 36 : 6 = ____
18 : 6 = ____ 32 : 8 = ____ 36 : 9 = ____ 63 : 7 = ____

9 30 : ____ = 6 8 · ____ = 48 ____ : 7 = 4 ____ · 14 = 42
72 : ____ = 12 11 · ____ = 110 ____ : 20 = 4 ____ · 18 = 54

10 Das Produkt von 8 und 12 ist ____.

Der Quotient von 64 und 16 ist ____.

Multipliziere die Zahlen 30 und 5. Ergebnis: ____

Dividiere die Zahlen 54 und 6. Ergebnis: ____

11 Welches der Wörter „Produkt“, „Quotient“, „multiplizieren“, „dividieren“ passt ?

35 ist das _______________ der Zahlen 5 und 7.

8 ist der _______________ der Zahlen 56 und 7.

Man muss die Zahlen 5 und 14 _____________, damit man die Zahl 70 erhält.

Man muss die Zahlen 27 und 3 _____________, damit man die Zahl 9 erhält.

12 Trage die fehlenden Zahlen ein.

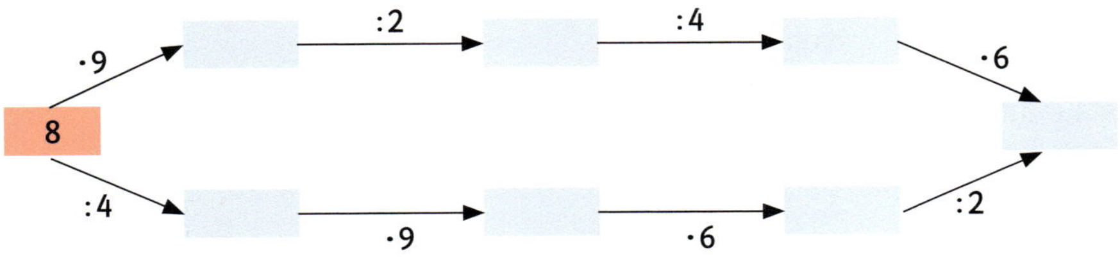

Bei Textaufgaben überlegt man zuerst, wie man rechnet.

Wie viel fehlt von 67 bis 90?	Rechnung: 90 − 67.	Ergebnis: 23
Welche Zahl muss man zu 34 addieren, um 52 zu erhalten?	Rechnung: 52 − 34.	Ergebnis: 18
Mit welcher Zahl muss man 7 multiplizieren, um 42 zu erhalten?	Rechnung: 42 : 7.	Ergebnis: 6
Durch welche Zahl muss man 72 dividieren, um 6 zu erhalten?	Rechnung: 72 : 6.	Ergebnis: 12

13 Wie viel fehlt von 23 bis 37? Rechnung: ________________ Ergebnis: ______

Welche Zahl muss man mit 11 multiplizieren damit man 55 erhält? Rechnung: ________________ Ergebnis: ______

Welche Zahl muss man zu 46 addieren, damit man 71 erhält? Rechnung: ________________ Ergebnis: ______

Durch welche Zahl muss man 38 dvidieren, damit man 2 erhält? Rechnung: ________________ Ergebnis: ______

14 Um wie viel ist 76 größer als 61? ____________

Um wie viel ist 44 kleiner als 74? ____________

Wie oft geht 6 in 42? __________ mal.

Wie groß ist der Unterschied von 88 und 64? _________

15 21 ist das Dreifache von _______.

80 ist das Zehnfache von _______.

6 ist _____ mal in 24 enthalten;

42 ist das Doppelte von ________.

49 ist das Siebenfache von ________.

8 geht _______ mal in 56.

16 Ein Restaurant hat sechs Tische. An jedem Tisch sitzen vier Gäste.
Wie viele Gäste befinden sich in dem Restaurant? ___________

17 Ein Bauer hat zwei Kühe, ein Schaf und fünf Hühner.
Wie viele Tierbeine laufen auf seinem Hof? ___________

18 Rechne mit der erhaltenen Zahl weiter.

Addiere 13 und 17: _________ , dividiere durch 3: ______ , multipliziere mit 4: _________

halbiere die Zahl: __________ , verzehnfache die Zahl: __________.

4 Größen messen und schätzen

Längen werden in den folgenden Maßeinheiten gemessen:

1 km	(**1 Kilometer**; etwa so weit, wie du in zehn Minuten schnell gehen kannst)
1 m	(**1 Meter**; etwa so lang wie ein großer Schritt)
1 dm	(**1 Dezimeter**; etwa eine Handbreit)
1 cm	(**1 Zentimeter**; etwa ein Fingerbreit)
1 mm	(**1 Millimeter**; etwa so breit wie ein dicker Bleistiftstrich).

1 Welche der angegebenen Längen passt ungefähr?

4 m | 1 mm | 2 m | 3 dm | 2 km | 100 m

So groß ist ein großer Mann. 2m

So weit kann man in 20 Minuten rennen. 100m

So lang sind Schuhe. 3dm

So dick ist ein Stecknadelkopf. 1mm

So lang ist ein Auto. 4m

So lang ist ein Fussballplatz. 2km

2 Streiche die falschen Längenangaben durch.

Miau! Ich bin eine Katze.

Mein Schwanz ist 20 cm | 5 m lang.

Oft springe ich auf unseren 20 cm | 1 m hohen Esstisch.

Dann renne ich in unser 2 km | 6 m entferntes Wohnzimmer.

Dort gibt es in der Ecke ein 15 mm | 1 dm breites Mauseloch.

Gewichte werden in den folgenden Maßeinheiten gemessen:

1t	(**1 Tonne**; etwa so schwer wie ein Auto)
1kg	(**1 Kilogramm**; genau so schwer wie ein Liter Wasser)
1g	(**1 Gramm**; etwa so schwer wie eine Füllerpatrone)
1mg	(**1 Milligramm**; etwa so schwer wie ein Haar).

3 Welches der angegebenen Gewichte passt ungefähr ?

1kg 50g 5kg 20t 80kg 500g

So schwer ist ein großer Mann. 80kg

So viel wiegt ein Hühnerei. 50g

So schwer ist ein Liter Milch. 1kg

So viel ist ein Pfund. 500g

So viel wiegt ein Lastwagen. 20t

So schwer ist eine Katze. 5kg

4 Streiche die falschen Gewichtsangaben durch.

Grrh! Ich bin ein großer Bär.

Ich wiege 20t 300kg .

Mit meinen Pranken kann ich bis zu 600g 60kg schwere

Felsbrocken hochheben. Ich kann damit aber auch Beeren pflücken,

die 1mg 1g schwer sind. Einmal habe ich an einem

verlassenen Lagerfeuer eine 200g 2t schwere Wurst gefunden.

Die war gut!

Zeitdauern werden in den folgenden Maßeinheiten gemessen:
1 d (1 Tag); 1 h (1 Stunde); 1 min (1 Minute); 1 s (1 Sekunde)

5 Welche der angegebenen Zeitdauern passt ungefähr ?

7 d | 45 min | 2 min | 14 s | 8 h | 90 min

So lang dauert ein Fußballspiel. 90 min

So lange dauert ein 100m-Sprint. 14 s

So lange dauert eine Woche. 7 d

So lange sollte man Zähneputzen. 2 min

So lang ist eine Schulstunde. 45 min

So lang ist ein Arbeitstag. 8 h

6 Streiche die falschen Zeitangaben durch.

Ssss! Ich bin eine Fliege und ärgere gerne die Leute.

Zum Beispiel kann ich während des ganzen

Mittagessens 40 min | ~~2 s~~ lang über dem Esstisch kreisen.

Oder ich sitze jemand während des Mittagsschläfchens

1 h | ~~1 d~~ lang auf der Nase und kitzle ihn.

Wenn man mich fangen will, bin ich in weniger als 1 s | ~~1 min~~ weg.

5 Mit Größen rechnen

Schreibt man eine Länge in der nächstkleineren Maßeinheit, verzehnfacht sich Maßzahl.

1 m = 10 dm; 1 dm = 10 cm; 1 cm = 10 mm.

Ausnahme: 1 km = 1000 m.

5 km = 5000 m; 8 m = 80 dm; 12 dm = 120 cm; 20 cm = 200 mm.

13 000 m = 13 km; 100 dm = 10 m; 60 cm = 6 dm; 50 mm = 5 cm.

4 m 20 cm = 4 m + 20 cm = 420 cm; 1 km 300 m = 1 km + 300 m = 1300 m

1 Welche Maßzahl passt?

800 | 2000 | 5 | 30 | 8 | 4 | 2000 | 70 000

3 m = ____ dm; 2 km = ____ m; 80 cm = ____ dm;

8 m = ____ cm; 70 km = ____ m; 40 mm = ____ cm;

500 cm = ____ m; 20 m = ____ cm

TIPP
Zur kleineren Einheit gehört die größere Maßzahl.

2 Welche Maßeinheit passt?

m | cm | mm | cm | mm | dm | cm | km

4 dm = 40 ____; 7 m = 700 ____; 80 mm = 8 ____; 6 km = 6000 ____

60 cm = 600 ____; 1 dm = 100 ____; 20 000 m = 20 ____; 40 m = 400 ____

3 Setze eines der Zeichen <, > oder = .

300 m ____ 3 km; 250 cm ____ 5 m; 110 dm ____ 11 m; 55 mm ____ 5 cm.

4 5 m + 10 dm = ____ m; 180 cm − 1 m = ____ cm; 20 mm + 80 mm = ____ cm

200 m · 10 = ____ km; 4 m : 100 = ____ cm; 1 km : 10 = ____ m

Schreibt man ein Gewicht in der nächstkleineren Maßeinheit, vertausendfacht sich die Maßzahl.

1 t = 1000 kg; 1 kg = 1000 g; 1 g = 1000 mg

3 t = 3000 kg;	12 kg = 12 000 g;	5 g = 5000 mg
15 000 kg = 15 t;	9000 g = 9 kg;	10 000 mg = 10 g
1 kg 100 g = 1000 g + 100 g = 1100 g;		2 t 60 kg = 2000 kg + 60 kg = 2060 kg

5 Welche Maßzahl passt?

80 000 | 20 000 | 4000 | 50 | 2000 | 1040 | 7000 | 4

4 kg = 4000 g; 7 t = 7000 kg; 80 kg = 80 000 g; 2 g = 2000 mg

20 t = 20 000 kg; 4000 mg = 4 g; 50 000 kg = 50 t; 1 kg 40 g = 1040 g

6 Welche Maßeinheit passt ?

kg | g | g | kg | g | t | g | mg

4 kg = 4000 g; 25 000 mg = 25 t; 8000 kg = 8 g; 60 t = 60 000 g

20 kg = 20 000 g; 6 g = 6000 mg; 20 000 mg = 20 kg; 40 000 g = 40 kg

7 Setze eines der Zeichen <, > oder = .

30 kg < 4000 g; 2 kg > 200 g; 20 t = 20 000 kg; 5 kg < 50 000 g.

8 500 kg + 1 t = ______ kg; 18 g − 10 000 mg = ______ g; 5 kg + 800 g = ______ g

200 g · 10 = ______ kg; 8 t : 100 = ______ kg; 1 g : 10 = ______ mg

Geldbeträge rechnet man so um: **1 € = 100 ct.**

4 € = 400 ct; 11 € = 1100 ct; 3 € 21 ct = 321 ct; 5 € 8 ct = 508 ct

Zeitdauern rechnet man so um: **1 d = 24 h; 1 h = 60 min; 1 min = 60 s.**

Zwei Tage sind 48 Stunden: 2 d = 48 h.

5 Minuten dauern so lang wie 300 Sekunden: 5 min = 300 s.

Von 18.20 Uhr bis 21.15 Uhr dauert es 2 h 55 min.

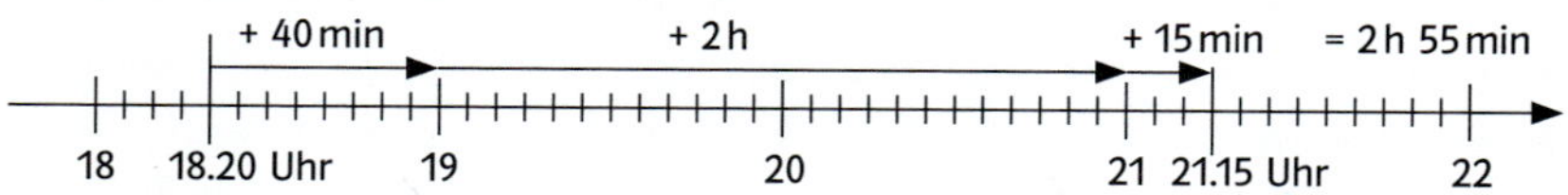

9 Welche Maßzahl passt?

2 | 120 | 10 | 300 | 180 | 10 | 2 | 72

3 € = 300 ct; 200 ct = 2 €; 2 h = 120 min; 3 d = 72 h

3 min = 180 s; 600 s = 10 min; 1000 ct = 10 €; 120 s = 2 min

10 Setze eines der Zeichen <, > oder = .

300 s > 3 min; 2 d < 50 h; 111 ct < 11 €; 5 h < 500 min.

11 1 € + 12 ct = 112 ct; 180 min − 1 h = ____ h; 1 d + 10 h = 34 h

15 min · 8 = ____ h; 120 € : 10 = ____ €; 1 h : 10 = ____ min

12 Wie lange dauert es von

a) von 15 Uhr bis 16.35 Uhr? 1 h 35 min

b) von 13.30 Uhr bis 18.40 Uhr? 5 h 10 min.

c) von 17.00 Uhr bis 7.30 Uhr am nächsten Tag? 14 h 30 min

6 Größen mit Komma

Schreibt man eine Länge in der nächstkleineren Einheit, wird das Komma um eine Stelle nach rechts verschoben: **6,0 m = 60,0 dm = 600,0 cm = 6000,0 mm.**

Schreibt man eine Länge in der nächstgrößeren Einheit, wird das Komma um eine Stelle nach links verschoben: **250,0 mm = 25,00 cm = 2,500 dm = 0,2500 m.**

Ausnahme: **Beim Wechsel von km auf m wird das Komma um drei Stellen verschoben: 2,3 km = 2300 m; 40 m = 0,040 km.**

76,87 m = 768,7 dm = 7687,0 cm = 76 870 mm; 1,7 km = 1700 m

56 mm = 5,6 cm = 0,56 dm = 0,056 m; 78 m = 0,078 km

4 cm = 0,04 m ; 81 mm = 0,81 dm

1 5,7 m = _________ dm = _________ cm = _________ mm

0,69 m = _________ dm = _________ cm = _________ mm

0,08 m = _________ dm = _________ cm = _________ mm

0,023 m = _________ dm = _________ cm = _________ mm

2 4,3 km = _______ m; 0,6 km = _______ m; 0,071 km = _______ m

3400 m = _______ km; 508 m = _______ km; 60 m = _______ km

3 0,02 m = 2 cm. Hier wurde das Komma um ______ Stellen nach _______ verschoben.

0,5 dm = 5 cm. Hier wurde das Komma um ______ Stelle nach _______ verschoben.

0,09 km = 90 m. Hier wurde das Komma um ______ Stellen nach _______ verschoben.

6,2 cm = 0,62 dm. Hier wurde das Komma um ______ Stelle nach _______ verschoben.

4 Setze richtig ein.

cm cm mm mm m m

3,7 dm = 370 cm; 0,05 m = 5 m; 0,050 km = 50 m;

4,5 mm = 0,45 cm; 0,4 m = 400 mm; 0,5 cm = 0,005 mm

6 Größen mit Komma

5 Welcher Buchstabe gehört zu welcher Aufgabe ?

1	4,6 cm	A	70 cm
2	0,7 m	B	1060 m
3	4,6 mm	C	0,046 dm
4	0,106 km	D	10,6 m
5	0,7 km	E	0,07 dm
6	0,46 m	F	4,6 mm
7	0,07 m	G	10 600 m
8	7 mm	H	106 m
9	10,6 km	I	0,46 dm
10	0,0106 km	J	7 cm
11	0,46 cm	K	4,6 dm
12	1,06 km	L	700 m

Aufgabe	1	2	3	4	5	6	7	8	9	10	11	12
Buchstabe	I											

Schreibt man ein Gewicht in der nächstkleineren Einheit, wird das Komma um drei Stellen nach rechts verschoben:

2,0 t = 2000,0 kg; **4,5 kg = 4500,0 g;** **30,8 g = 30 800,0 mg**

Schreibt man eine Gewicht in der nächstgrößeren Einheit, wird das Komma um drei Stellen nach links verschoben:

560 kg = 0,560 t; **47,3 g = 0,0473 kg;** **1500 mg = 1,5 g**

7,85 t = 7850 kg; 11,9 kg = 11 900 g; 500 mg = 0,5 g

56 kg = 0,056 t; 3 g = 0,003 kg; 0,2 mg = 0,000 2 g

6 9,1 kg = ________ g; 0,8 kg = ___8___ g; 0,05 kg = ___5___ g

0,8 t = ________ kg; 10,0 t = ________ kg; 0,002 t = ___2___ kg

400 g = ________ mg; 10,5 g = ________ mg; 4060 mg = ________ g

7 43 g = ________ kg; 6 kg = ___6___ t; 60 kg = ___6___ t

5300 g = ________ kg; 5000 mg = ________ g; 80 kg = ___8___ t

8 0,4 kg = 400,0 g. Hier wurde das Komma um ______ Stellen nach ______ verschoben.

5,0 t = 5000 kg. Hier wurde das Komma um ______ Stellen nach ______ verschoben.

10 g = 0,010 kg. Hier wurde das Komma um ______ Stellen nach ______ verschoben.

20 000 g = 0,02 t. Hier wurde das Komma um ______ Stellen nach ______ verschoben.

9 Setze richtig ein.

1,2 kg = 1200 ______; 0,07 t = 70 _______; 0,005 t = 5 _____;

0,001 g = 1 _____; 0,03 kg = 30 _______; 0,000 6 kg = 600 ______

10 Welcher Buchstabe gehört zu welcher Aufgabe ?

1	45 kg	A	45 g
2	10 g	B	100,1 kg
3	0,0045 kg	C	0,001 kg
4	1,001 t	D	4,5 g
5	100 g	E	100 010 kg
6	0,1 g	F	0,0001 kg
7	10,01 t	G	10 010 kg
8	100,01 t	H	0,045 t
9	0,45 kg	I	0,1 kg
10	0,1001 t	J	0,01 kg
11	1 g	K	1001 kg
12	0,045 kg	L	450 g

Aufgabe	1	2	3	4	5	6	7	8	9	10	11	12
Buchstabe	H											

6 Größen mit Komma

Vor dem Addieren, Subtrahieren und Vervielfachen von Größen schreibt man sie ohne Komma und in derselben Maßeinheit.

Addieren:	**3,4 m + 2,9 dm = 340 cm + 29 cm = 369 cm.**
	Rechnung: 340 + 29 = 369
Subtrahieren:	**7,45 € – 3€ 7ct = 745 ct – 307 ct = 438 ct = 4€ 38ct**
	Rechnung: 745 – 307 = 438
Vervielfachen:	**4 · 2,6 kg = 4 · 2600 g = 10 400 g = 10,4 kg.**

1,6 kg + 2400 g = 1600 g + 2400 g = 4000 g = 4 kg

0,9 km – 90 m = 900 m – 90 m = 810 m = 0,810 km

4,5 € : 9 = 450 ct : 9 = 50 ct

2 h : 6 = 120 min : 6 = 20 min; 1h 10min – 45 min = 70 min – 45 min = 35 min

11 300 mm – 12 cm = 300 mm – ______ mm = ______ mm = ______ cm.

0,45 m + 0,07 m = ______ cm + ______ cm = ______ cm

3,4 kg – 2,6 kg = ______ g – ______ g = ______ g

1,2 € : 3 = ______ ct : 3 = ______ ct

0,04 t · 5 = ______ kg · 5 = ______ kg = ______ t

12 3 kg 200 g = ______ g = ______ kg

3 kg 20 g = ______ g = ______ kg

3 kg 2 g = ______ g = ______ kg

3 m 5 cm = ______ cm = ______ m

3 m 50 cm = ______ cm = ______ m

13 4708 g = ____ kg ____ g;

145 cm = ____ m ____ cm;

47 mm = ____ cm ____ mm;

130 min = ____ h ____ min;

4,30 t = ____ t ____ kg;

70 h = ____ d ____ h

14

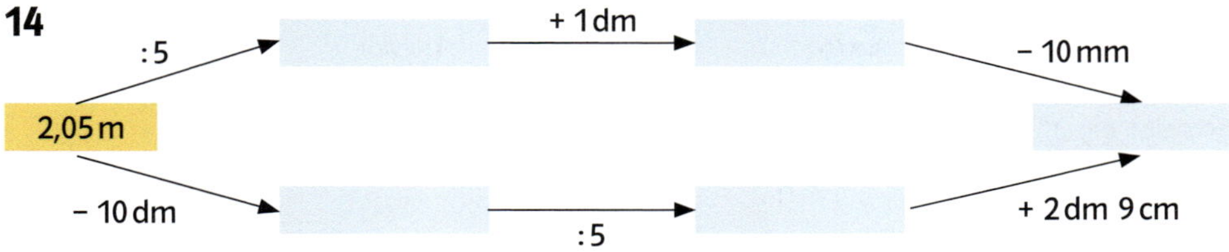
:5
+ 1 dm
− 10 mm
2,05 m
− 10 dm
:5
+ 2 dm 9 cm

15

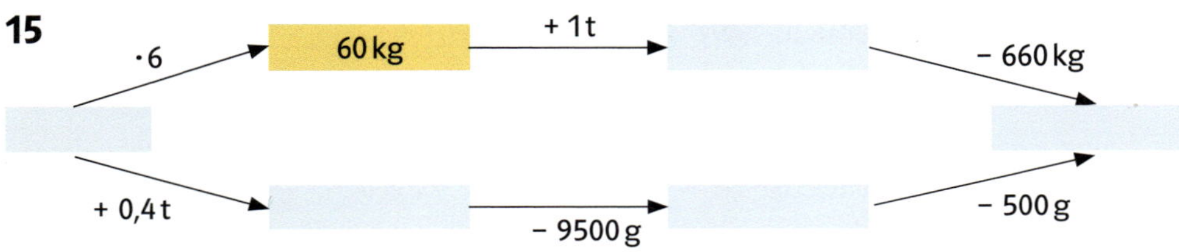
·6
60 kg
+ 1 t
− 660 kg
+ 0,4 t
− 9500 g
− 500 g

16

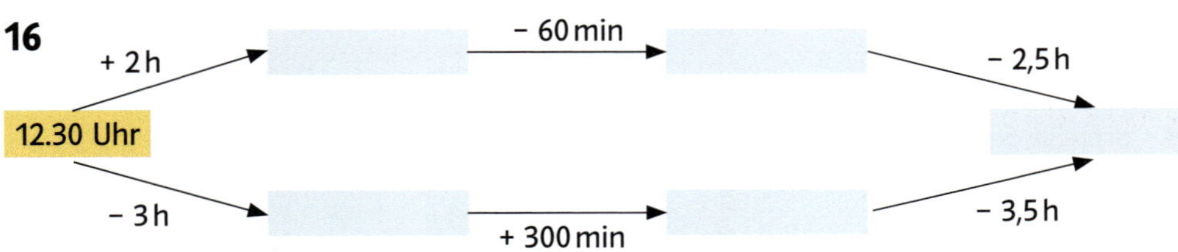
+ 2 h
− 60 min
− 2,5 h
12.30 Uhr
− 3 h
+ 300 min
− 3,5 h

Test Nr. 1

Schreibe die Lösung in das dunkle Feld. Kontrolliere anschließend deine Lösungen.
Schreibe ein „r", wenn du die Aufgabe richtig gelöst hast.
Schreibe ein „f", wenn du die Aufgabe falsch gelöst hast.

		r/f
1 a) Wie lautet die Zahl, wenn man bei 893 die Einerziffer mit der Zehnerziffer vertauscht?	a) ______	______
b) Welche Zahl ist um 7 größer als 9997?	b) ______	______
c) Wie lautet die kleinste fünfstellige Zahl?	c) ______	______
2 Kreuze alle richtigen Antworten an. 10^6 ist die gleiche Zahle wie	☐ 100 000 ☐ 1 Milliarde	______
	☐ 1 000 000 ☐ 1 Million	______
3 Rechne im Kopf. a) 34 + 17 b) 56 − 22	a) ______ b) ______	______
c) 12·6 d) 42:6	c) ______ d) ______	______
4 Schreibe den passenden Buchstaben auf. a) 0,04 kg sind A 4 g B 40 g C 400 g	a) ______	______
b) 1,2 dm sind A 12 m B 12 cm C 12 mm	b) ______	______
c) 240 ct sind A 24 € B 2,40 € C 2 € 4 ct	c) ______	______
5 Kreuze alle richtigen Aussagen an. a) 304 < 403 b) 9999 > 1000 c) 10^3 < 1 Million	☐ a) ☐ b) ☐ c)	______
6 Wie lautet die fehlende Zahl? a) 34 + ☐ = 52	a) ______	______
b) ☐·15 = 45	b) ______	______
c) 70 − ☐ = 28	c) ______	______
7 Kreuze an, wenn die mit einer Verbindungslinie verbundenen Größen gleich groß sind. 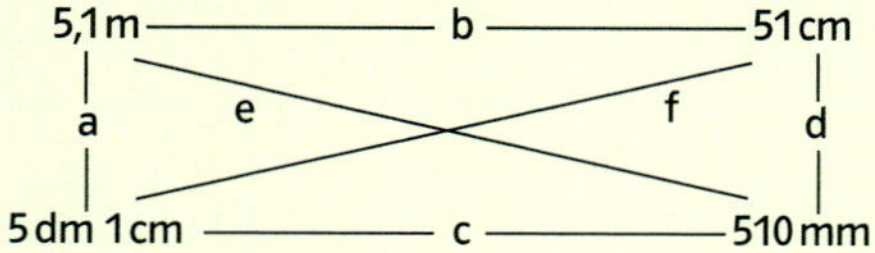	☐ a ☐ b ☐ c	______
	☐ d ☐ e ☐ f	______

Test Nr. 2

Schreibe die Lösung in das dunkle Feld. Kontrolliere anschließend deine Lösungen.
Schreibe ein „r", wenn du die Aufgabe richtig gelöst hast.
Schreibe ein „f", wenn du die Aufgabe falsch gelöst.

		r/f
1 Rechne im Kopf.		
a) Addiere die Zahlen 34 und 19.	a) ______	___
b) Dividiere 55 durch 11.	b) ______	___
c) Subtrahiere 13 von 39.	c) ______	___
d) Multipliziee die Zahlen 8 und 7.	d) ______	___
2 Kreuze an. Wenn man an eine Zahl rechts zwei Nullen anfügt, dann		
a) wird die Zahl um 100 größer.	a) ☐ ja ☐ nein	___
b) wird die Zahl hundertmal so groß.	b) ☐ ja ☐ nein	___
3 Rechne im Kopf.		
a) 205 − 167 b) 6 · 22	a) ______ b) ______	___
c) 1500 : 5 d) 355 + 810	c) ______ d) ______	___
4 Eine Ware kostet 17,96 €. Es wird mit einem 50 €-Schein bezahlt. Wie hoch ist das Rückgeld?	a) ______	___
5 Kreuze alle richtigen Aussagen an.		
a) 0,4 kg < 50 g	☐ a)	___
b) 367 kg > 0,36 t	☐ b)	___
c) 2300 mg < 23 g	☐ c)	___
6 Wie lautet die fehlende Maßzahl?		
a) 0,34 km = □ m	a) ______	___
b) □ dm = 3 mm	b) ______	___
c) 34 g = □ kg	c) ______	___
7 Wie viel Zeit vergeht von 7.40 Uhr bis 13.10 Uhr?	______	___

II Symmetrie

1 Achsensymmetrische Figuren

Wenn man eine Figur so falten kann, dass die zwei Teile genau aufeinander passen (spiegelbildlich sind), nennt man die Figur achsensymmetrisch.
Die Faltlinie nennt man Symmetrieachse (oder Spiegelachse).

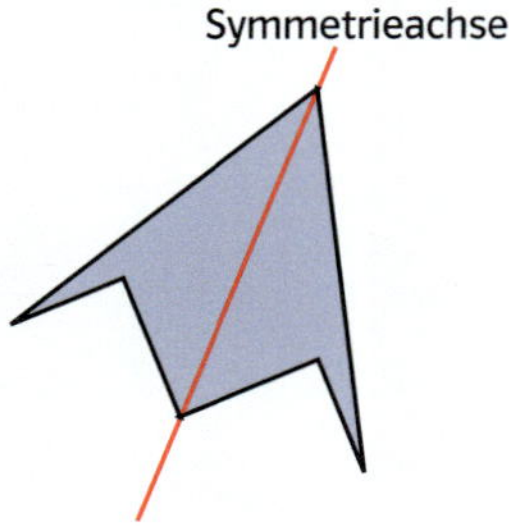

Die blaue Figur ist achsensymmetrisch zur roten Symmetrieachse.

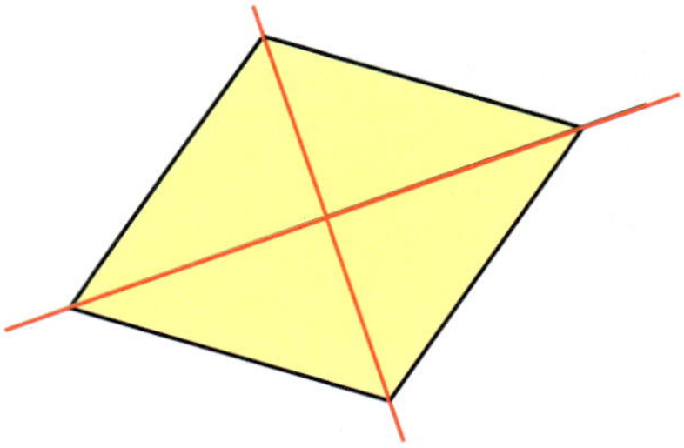

Die gelbe Figur ist achsensymmetrisch zu beiden roten Symmetrieachsen.

1 Ist die Figur achsensymmetrisch zu der roten Symmetrieachse ?

a)

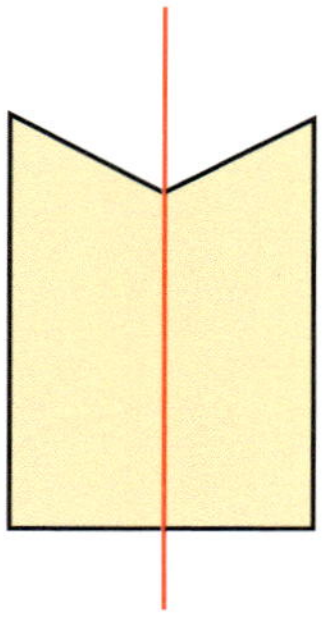

☐ ja

☐ nein

b)

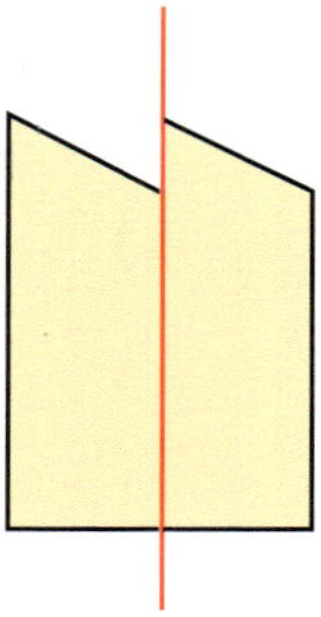

☐ ja

☐ nein

c)

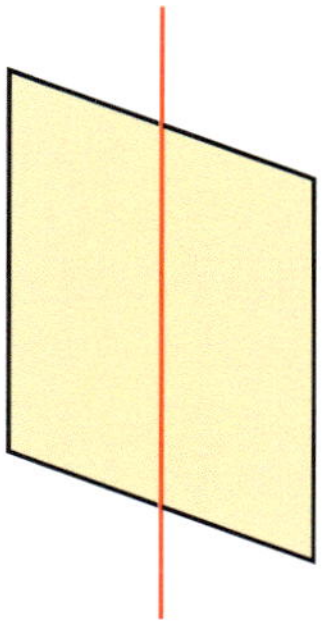

☐ ja

☐ nein

2 Welches ist die Symmetrieachse ?

a)

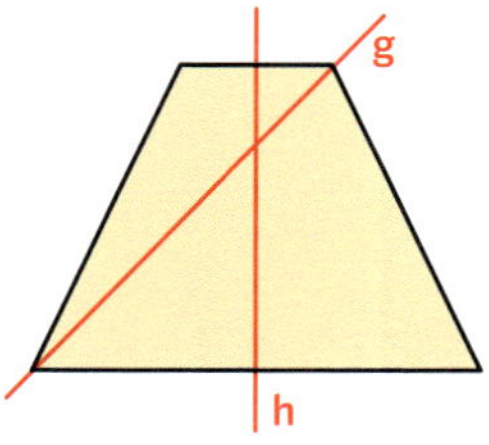

____ist die Symmetrieachse.

b)

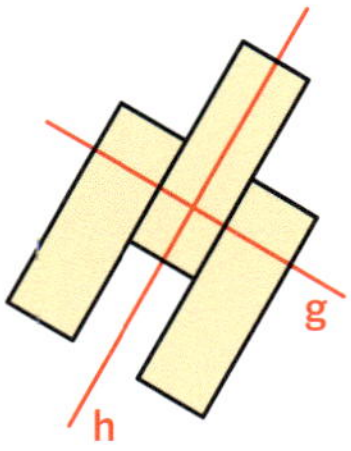

____ ist die Symmetrieachse.

c)

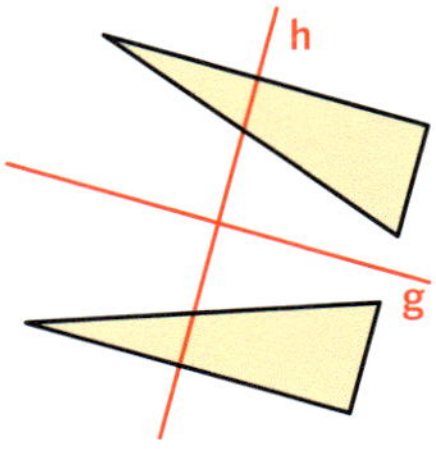

____ist die Symmetrieachse.

3 Die Figur ist achsensymmetrisch und hat mehr als eine Symmetrieachse. Schreibe auf, welche der eingezeichneten Linien Symmetrieachsen sind?

a)

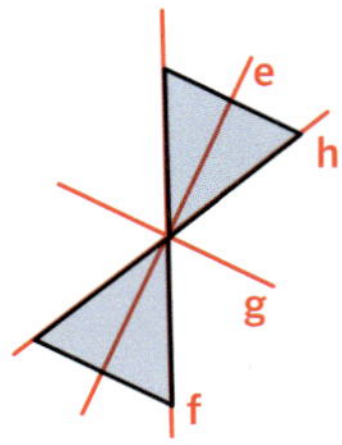

b)

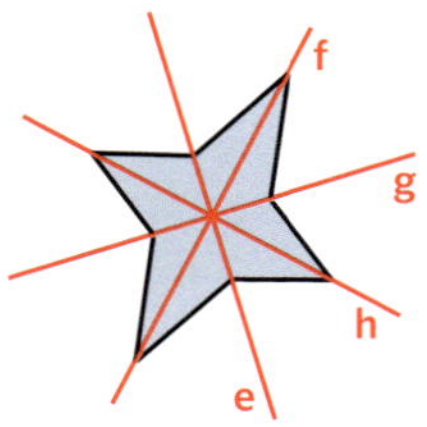

Symmetrieachsen sind ____________.

Symmetrieachsen sind ____________.

Ist eine Figur auf Karopapier gezeichnet, kann man sie mit Hilfe der Kästchen zu einer achsensymmetrischen Figur vervollständigen.
Die Spiegelpunkte zu A, B, usw. werden mit A′, B′, usw. bezeichnet.

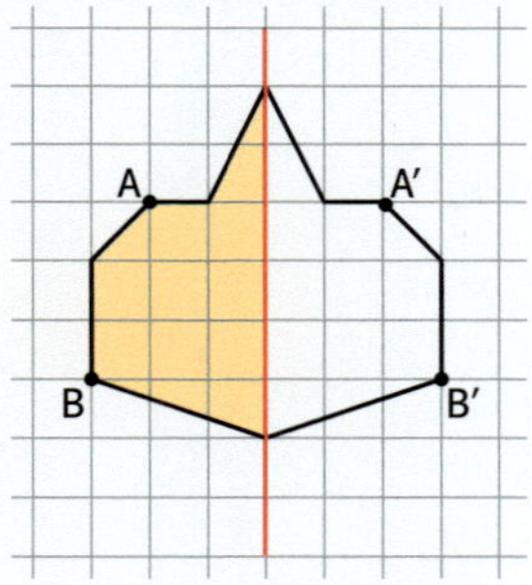

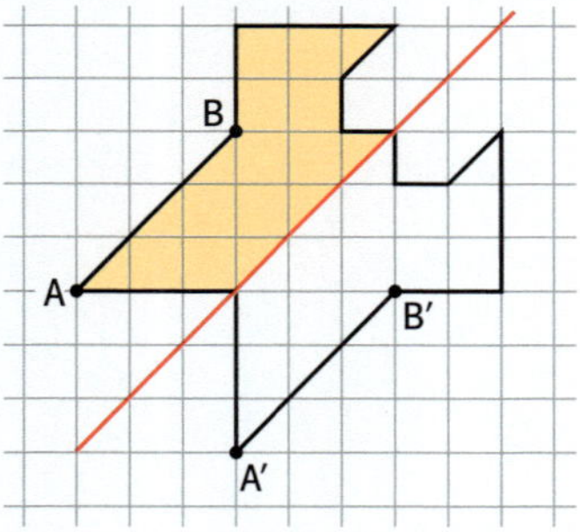

4 Ergänze die Figur zu einer achsensymmetrischen Figur.

a)

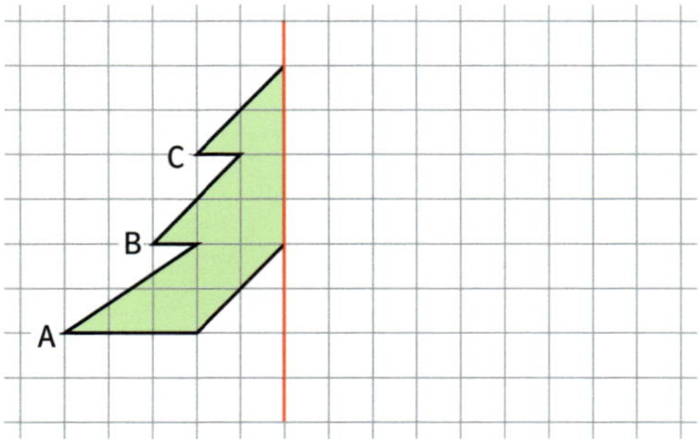

b)

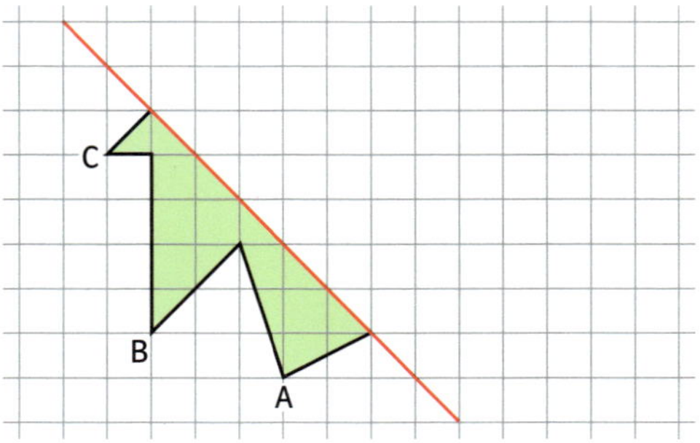

1 Achsensymmetrische Figuren

5 Spiegle die Figur mit Hilfe der Kästchen an der roten Spiegelachse. Beachte die Farben.

a)

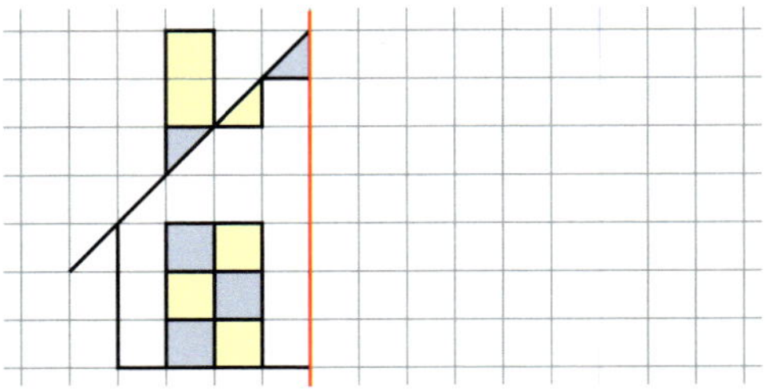

b)

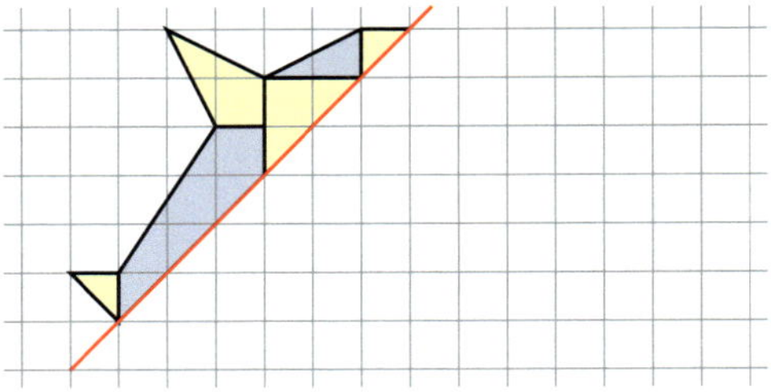

Zum Spiegeln einer Figur kann man das Geodreieck benutzen.
Dabei legt man es so auf die Spiegelachse:

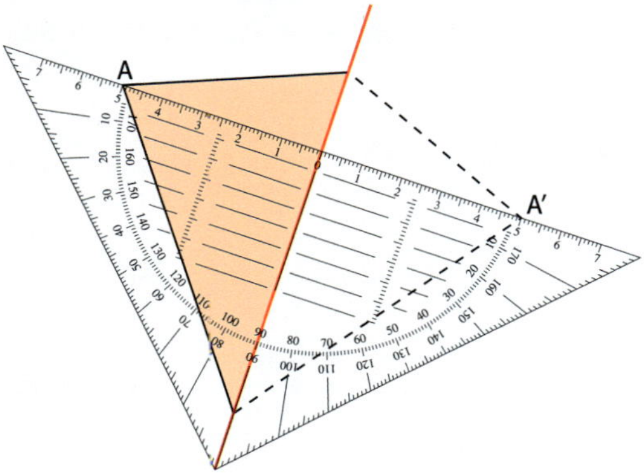

6 Welcher Punkt ist falsch gespiegelt. Kontrolliere mit dem Geodreieck.

a)

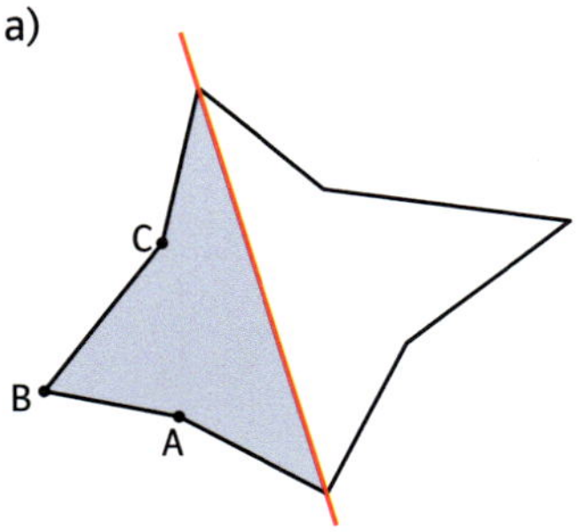

_____ ist falsch gespiegelt.

b)

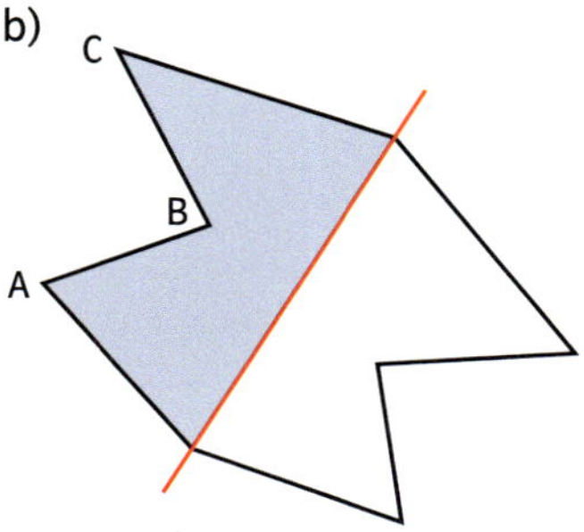

_____ ist falsch gespiegelt.

7 Spiegle die Figur mit dem Geodreieck an der roten Spiegelachse.

a)

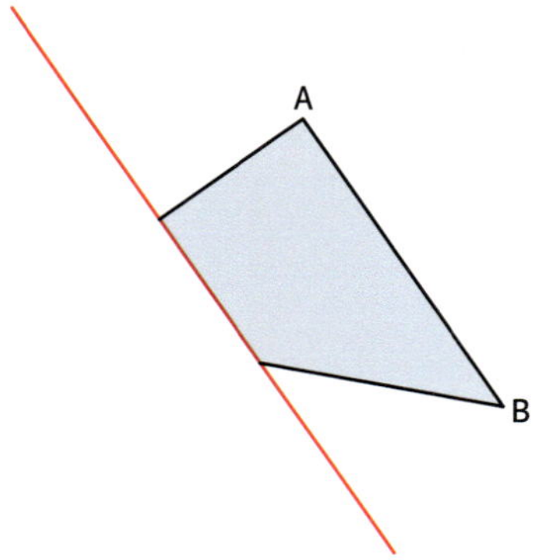

b)

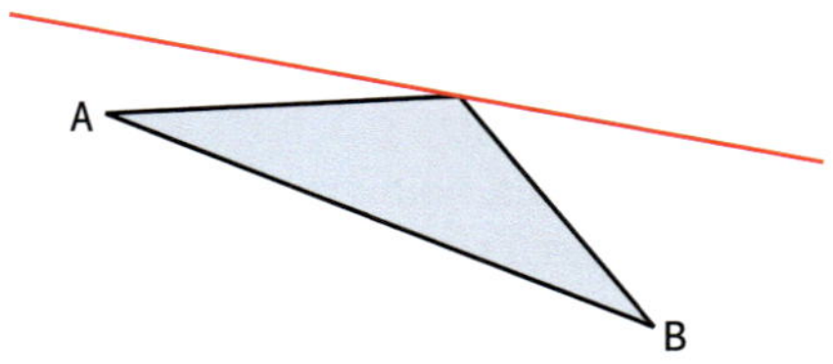

8 Kreuze alle Buchstaben an, die achsensymmetrisch sind?
Zeichne in diesem Fall eine Symmetrieachse ein.

A	B	C	D	E	F
☐	☐	☐	☐	☐	☐
H	I	M	N	X	U
☐	☐	☐	☐	☐	☐

9 Eine Fensterscheibe ist mit einem durchsichtigen farbigen Papier beklebt. Wie sieht die Scheibe von außen betrachtet aus ?

Scheibe von innen betrachtet: Scheibe von außen betrachtet:

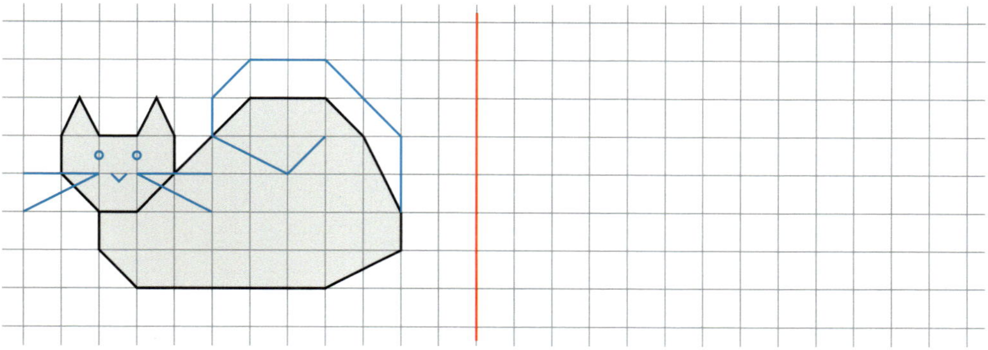

2 Orthogonale und parallele Geraden

Die Geraden g und h in der Figur sind zueinander senkrecht. Man sagt dafür auch: g und h sind orthogonal oder g und h bilden einen rechten Winkel.
Man schreibt dafür: g ⊥ h.
In der Zeichnung benützt man dafür das Zeichen ⊾

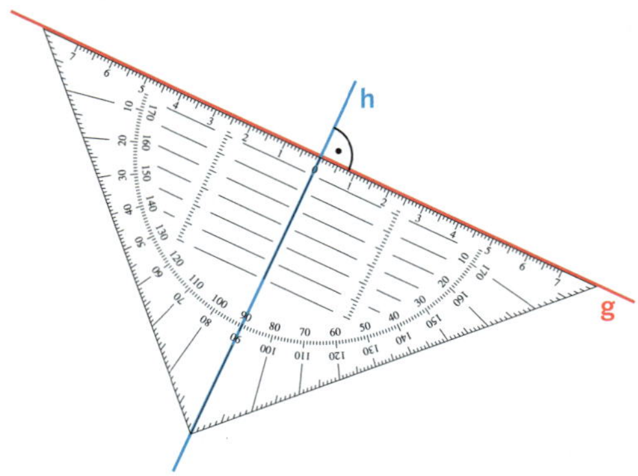

1 Prüfe mit dem Geodreieck, ob die Geraden g und h orthogonal sind. Füge gegebenenfalls das ⊾ Zeichen ein.

a)

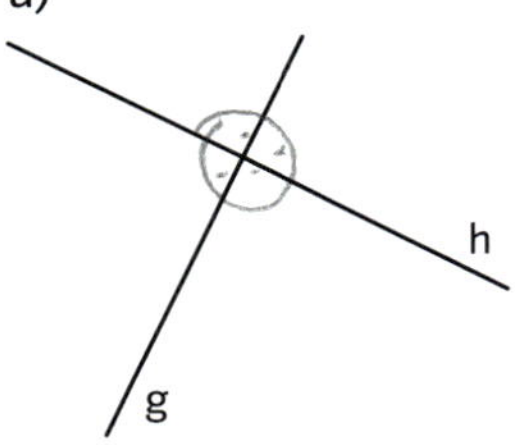

☒ ja ☐ nein

b)

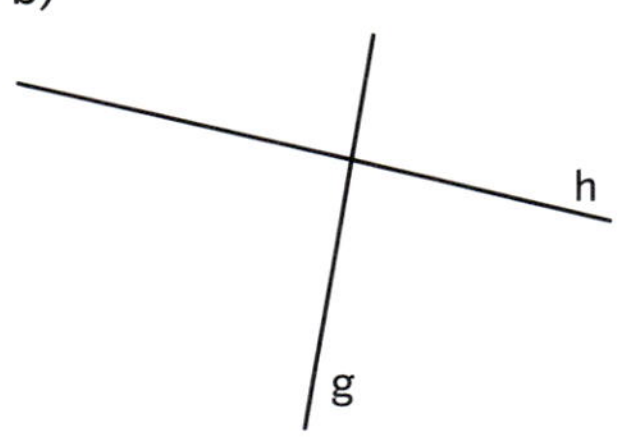

☐ ja ☒ nein

c)

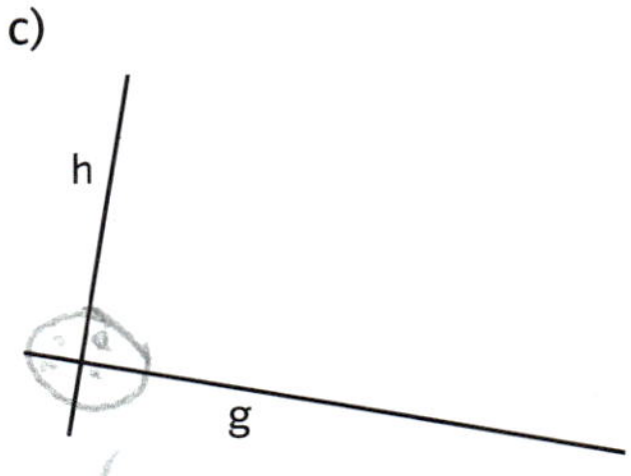

☒ ja ☐ nein

2 Prüfe mit dem Geodreieck, welche Geraden einen rechten Winkel bilden. Schreibe dein Ergebnis mit dem Zeichen ⊥.

Ergebnis: b⊥a c⊥a

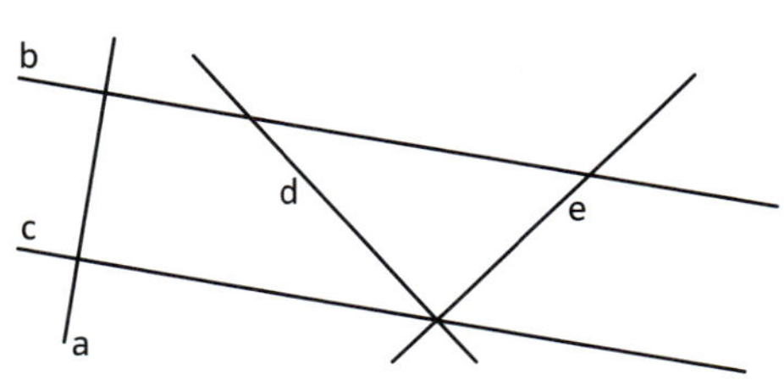

Strecken haben einen Anfangspunkt und einen Endpunkt. Wenn zwei Strecken orthogonal sind, gibt man dies mit Hilfe der Anfangspunkte und der Endpunkte an.
In der Zeichnung ist:

AB ⊥ BC
AD ⊥ DE
EC ⊥ DE

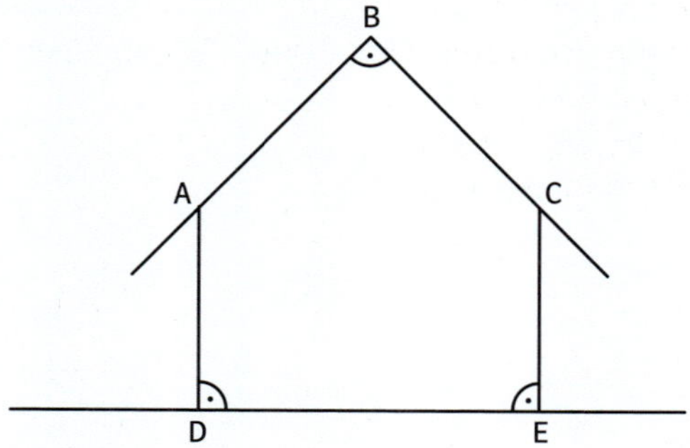

3 Prüfe mit dem Geodreieck und kreuze an.

AB ⊥ CE; ☐ richtig ☐ falsch

EG ⊥ GH; ☐ richtig ☐ falsch

DE ⊥ DF; ☐ richtig ☐ falsch

DE ⊥ EF; ☐ richtig ☐ falsch

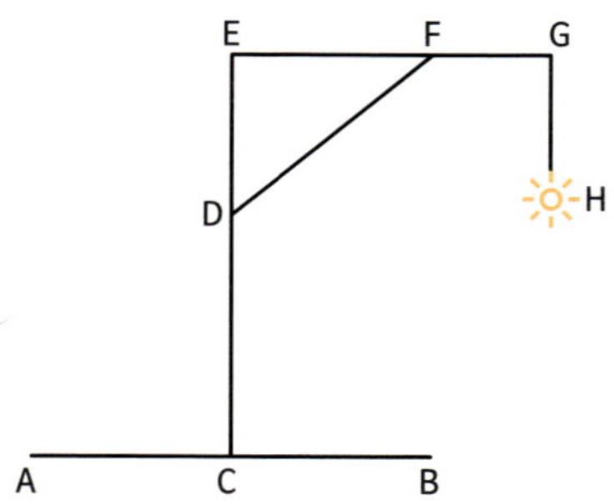

4 Zeichne die Strecken ein und kreuze an.

AB ⊥ g; ☐ richtig ☐ falsch

CD ⊥ g; ☐ richtig ☐ falsch

EF ⊥ g; ☐ richtig ☐ falsch

AF ⊥ CD; ☐ richtig ☐ falsch

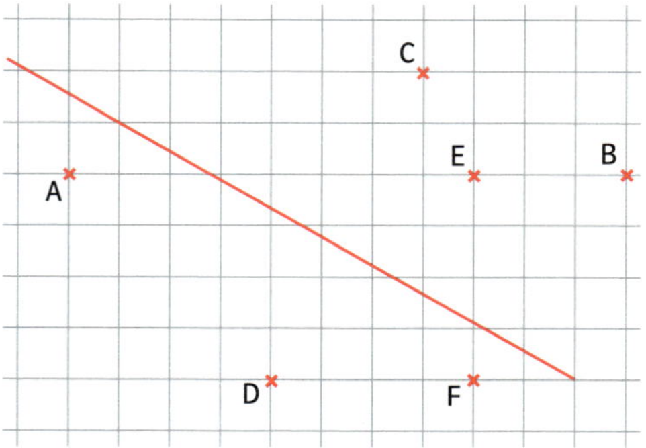

Die Geraden g und h in der Figur sind parallel.
Man schreibt dafür: g || h.

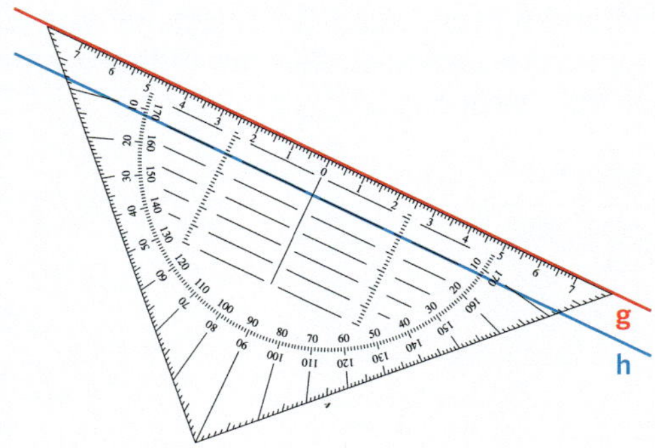

5 Prüfe mit dem Geodreieck, ob die Geraden g und h parallel sind.

a) ☒ ja ☐ nein

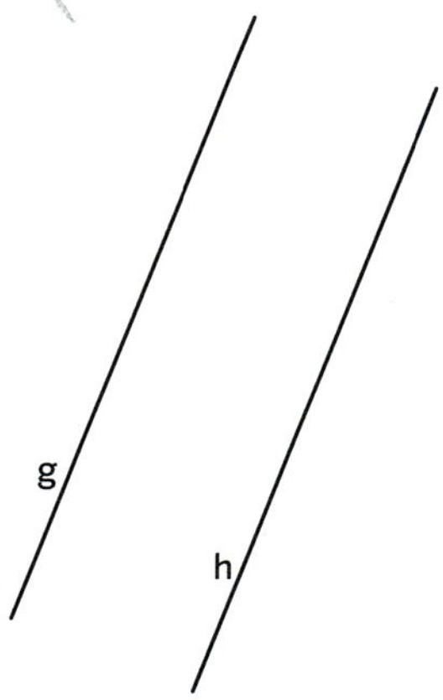

b) ☐ ja ☒ nein

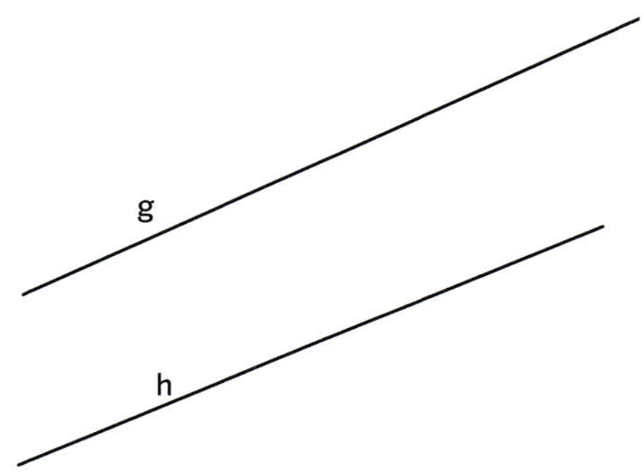

6 Prüfe mit dem Geodreieck, ob die Geraden parallel sind.

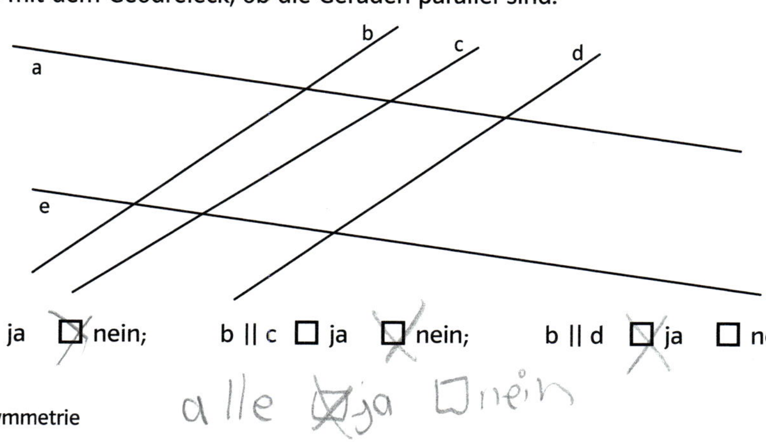

a || b ☐ ja ☒ nein; b || c ☐ ja ☒ nein; b || d ☒ ja ☐ nein

alle ☒ ja ☐ nein

7 Prüfe mit dem Geodreieck, welche Geraden orthogonal bzw. parallel sind.
Schreibe dein Ergebnis mit dem Zeichen ⊥ oder ||.

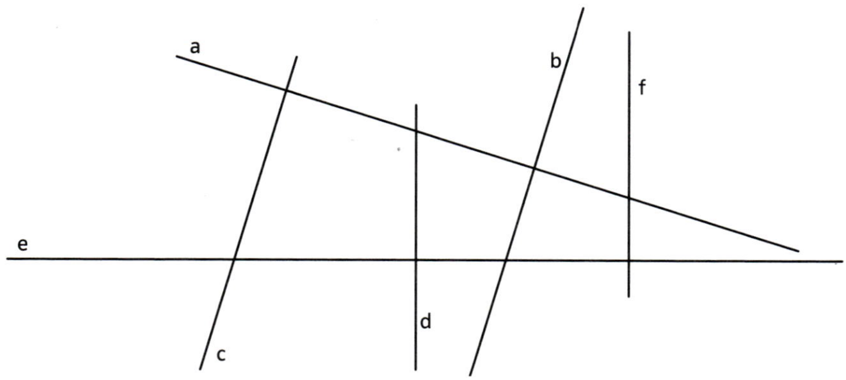

Orthogonal sind: a ⊥ c, e ⊥ d Parallel sind: keine

8 Die Zeichnung zeigt die Wand eines Wohnzimmers mit einem Fenster und einem Bücherregal.
Kreuze an:

AC ⊥ BF;	☐ richtig	☐ falsch
CG || AE;	☐ richtig	☐ falsch
HI ⊥ JK;	☐ richtig	☐ falsch
HI || JK;	☐ richtig	☐ falsch

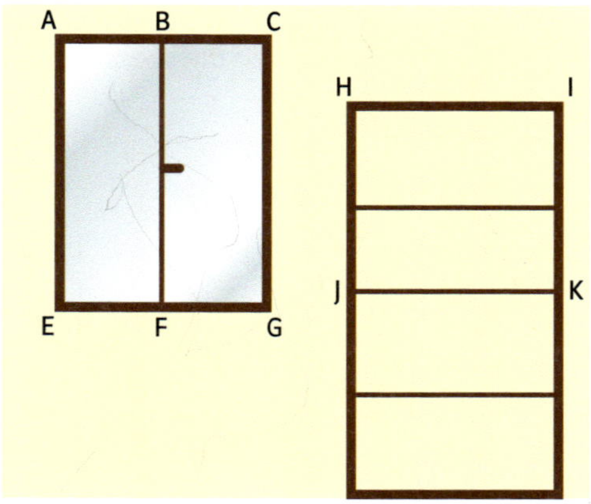

9 Welche Beschreibung passt zu der Figur?

a || b und c ⊥ d;	☐ richtig	☒ falsch
b || a und a ⊥ d;	☒ richtig	☐ falsch
c || d und b ⊥ d;	☐ richtig	☒ falsch

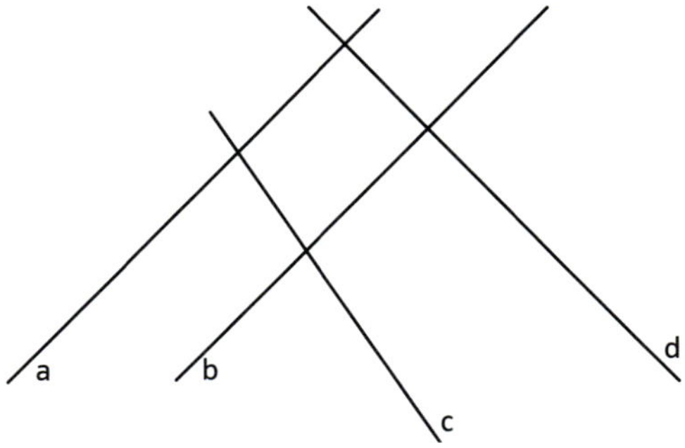

3 Figuren

Bei Figuren mit Eckpunkten unterscheidet man

Dreicke

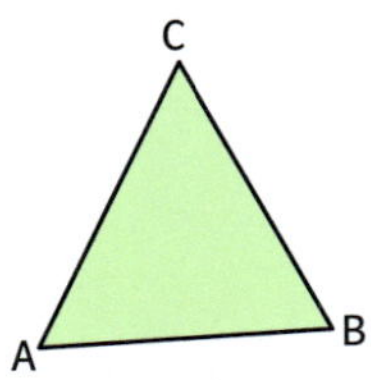

Vierecke

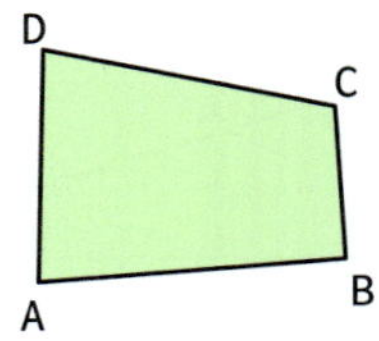

Fünfecke

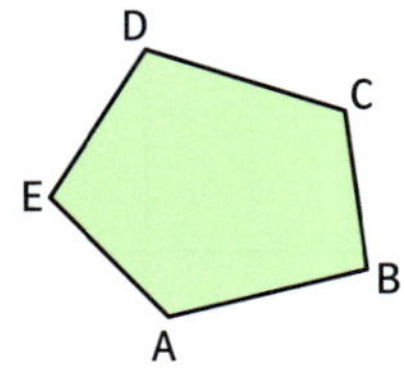

Sechsecke **usw.**

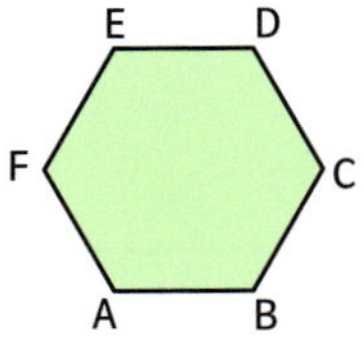

Bei einem Viereck sind die vier Eckpunkte durch gerade Seiten verbunden.
Die Verbindungslinie gegenüber liegender Ecken heißt Diagonale.

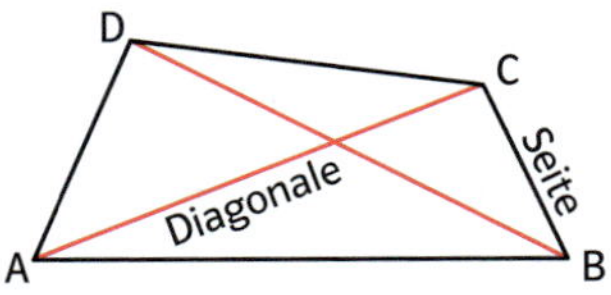

1 Miss die Seitenlängen des Dreiecks.

AB = ________ cm.

BC = ________ cm.

AC = ________ cm.

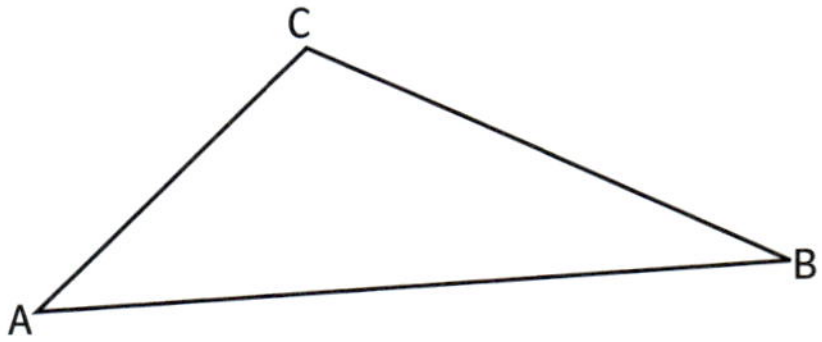

2 a) Miss die Länge der Diagonalen AC.

AC = __________ mm.

b) Zeichne die Diagonale BD. Wie lang ist sie?

BD = __________ mm.

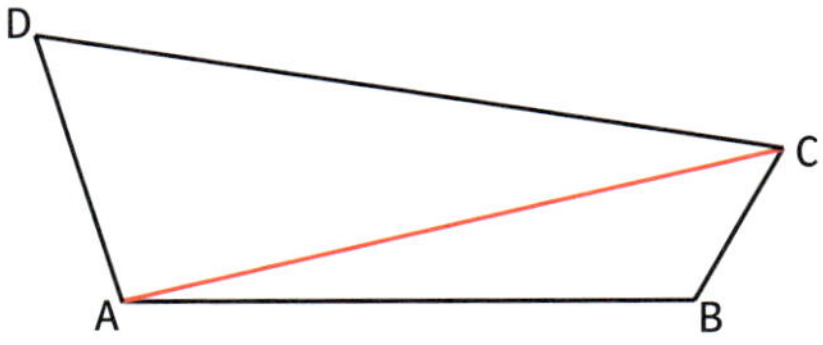

3 Bei der Uhr wurden die Stunden 1 und 3 verbunden.

Verbinde weiter nacheinander:
3 – 6 – 8 – 10 - 1.

Die Figur, die entstanden ist, heißt ________________ .

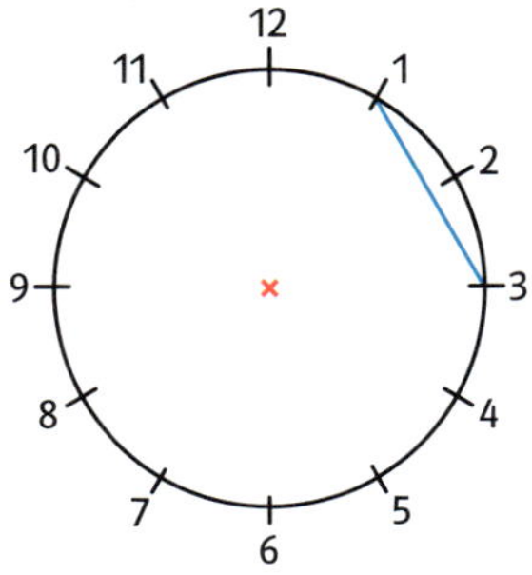

4 a) Beginne bei 12 Uhr und zeichne in die Uhr ein Viereck mit gleich langen Seiten.

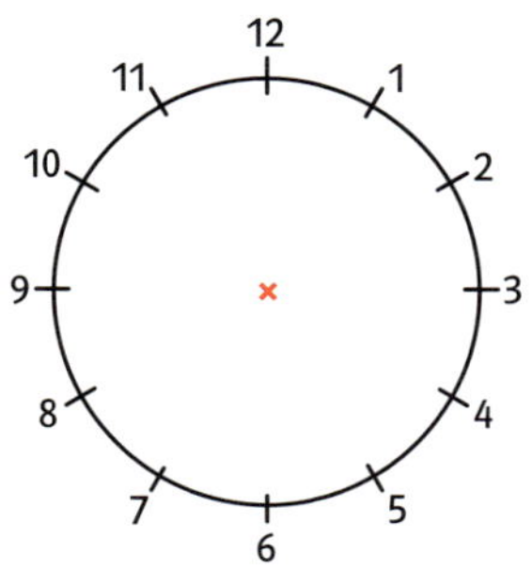

Die Reihenfolge der Eckpunkte ist

12 – ______________________________ – 12.

b) Beginne bei 12 Uhr und zeichne in die Uhr ein Sechseck mit gleich langen Seiten.

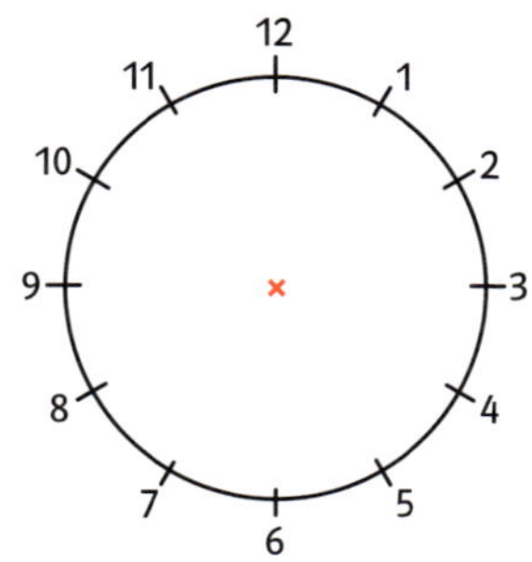

Die Reihenfolge der Eckpunkte ist

12 – ______________________________ – 12.

Ein Viereck, bei dem die gegenüberliegenden Seiten parallel sind, heißt Parallelogramm.
Vierecke mit dieser Form sind Parallelogramme:

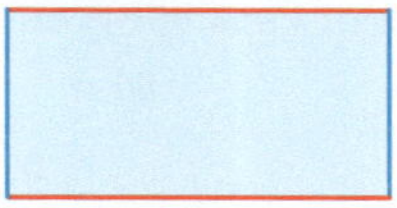

Ein Viereck, das vier rechte Winkel hat, heißt Rechteck.
Jedes Rechteck ist auch ein Parallelogramm.
Vierecke mit dieser Form sind Rechtecke:

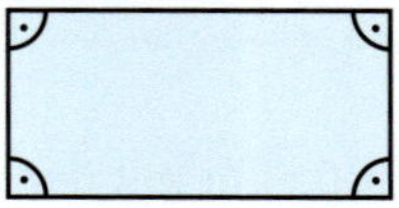
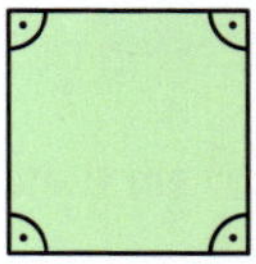

Ein Viereck, das vier rechte Winkel und vier gleich lange Seiten hat, heißt Quadrat.
Jedes Quadrat ist auch ein Rechteck und ein Parallelogramm.
Vierecke mit dieser Form sind Quadrate:

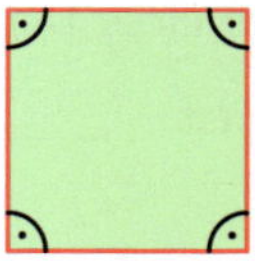

5 Vervollständige die Figur zu einem Quadrat.

a)

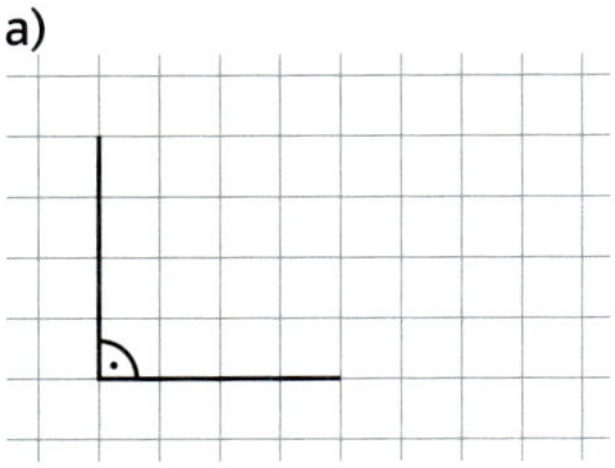

b)

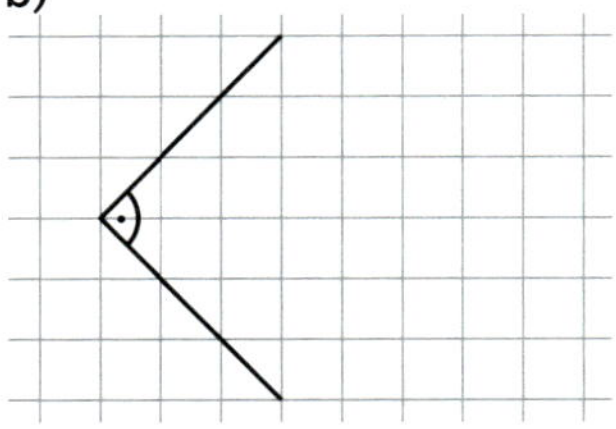

c)

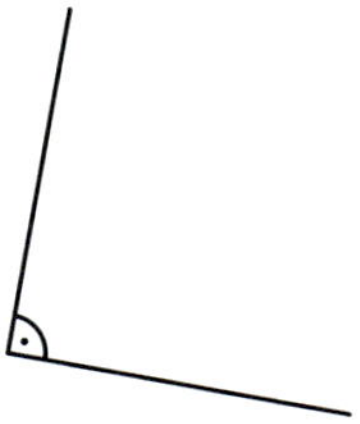

6 Vervollständige die Figur zu einem Rechteck.

a)

Eine Diagonale ist _______ mm lang.

b)

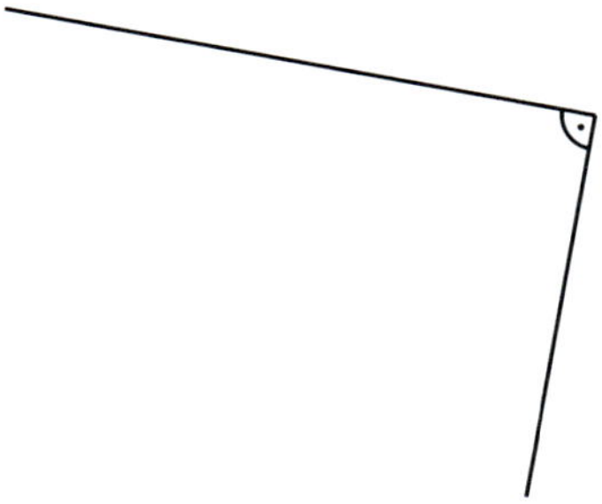

Eine Diagonale ist _______ mm lang.

7 Vervollständige die Figur zu einem Parallelogramm.

a)

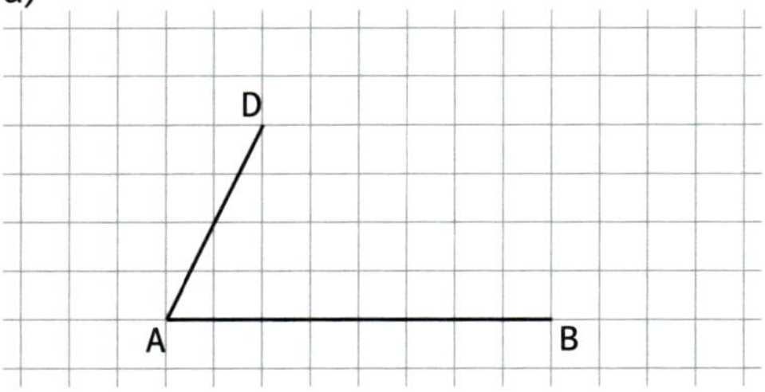

b)

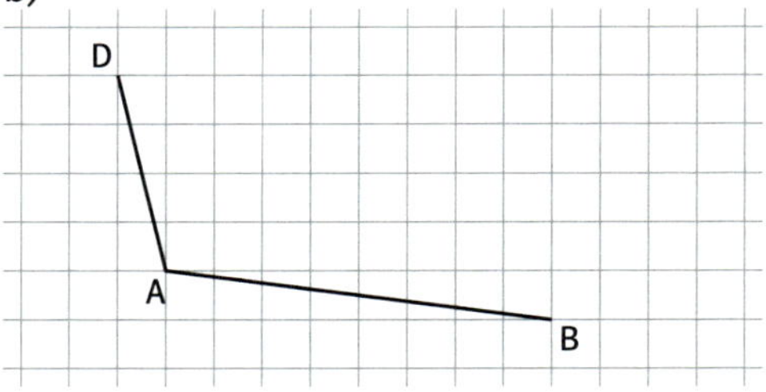

8 Zeichne auf ein Blatt Papier ein Quadrat mit der Seitenlänge 5 cm. Miss die Länge einer Diagonale.
Die Diagonale ist _________ mm lang.

9 Zeichne auf ein Blatt Papier ein Rechteck mit den Seitenlängen 3 cm und 4 cm. Miss die Länge einer Diagonale.

Die Diagonale ist _________ mm lang.

10 Stimmt das ?

a) Bei jedem Rechteck sind die beiden Diagonalen gleich lang. ☐ ja ☐ nein

b) Bei jedem Parallelogramm sind die beide Diagonalen gleich lang. ☐ ja ☐ nein

11 Beginne bei 2 Uhr und zeichne ein Rechteck, das kein Quadrat ist. Die Reihenfolge ist

2 – ______________________ – 2

oder 2 – ______________________ – 2

oder 2 – ______________________ – 2

oder 2 – ______________________ – 2

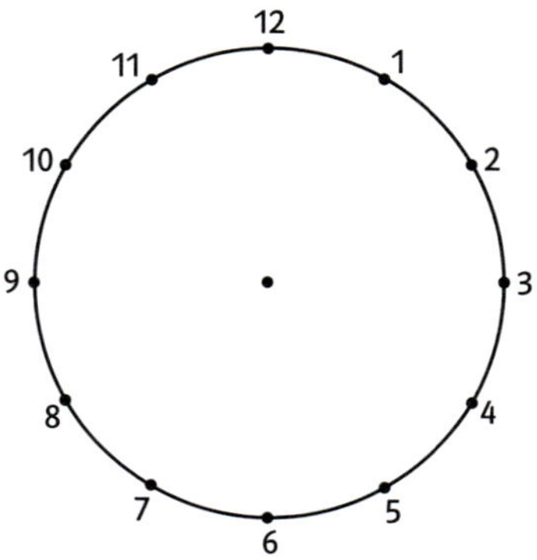

12

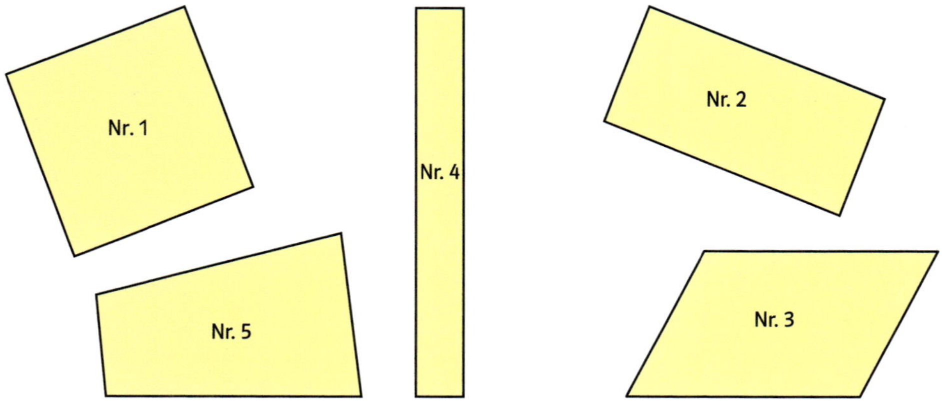

a) Folgende Vierecke haben vier rechte Winkel: ____________________ .

Diese Vierecke heißen ____________________ .

b) Folgendes Viereck hat vier rechte Winkel und vier gleich lange Seiten: ____________.

Dieses Viereck heißt: ____________________ .

c) Folgende Vierecke haben parallele Gegenseiten: ____________________ .

Diese Vierecke heißen ____________________ .

Ein Kreis hat einen Mittelpunkt und einen Radius.

Der Durchmesser eines Kreises ist doppelt so lang wie sein Radius.

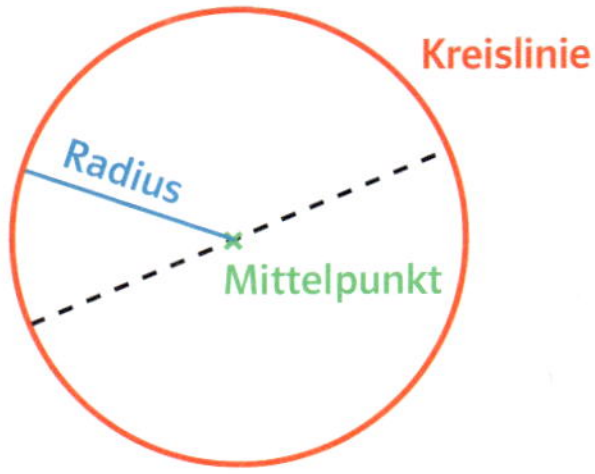

13 Miss den Radius und den Durchmesser des Kreises.

a)

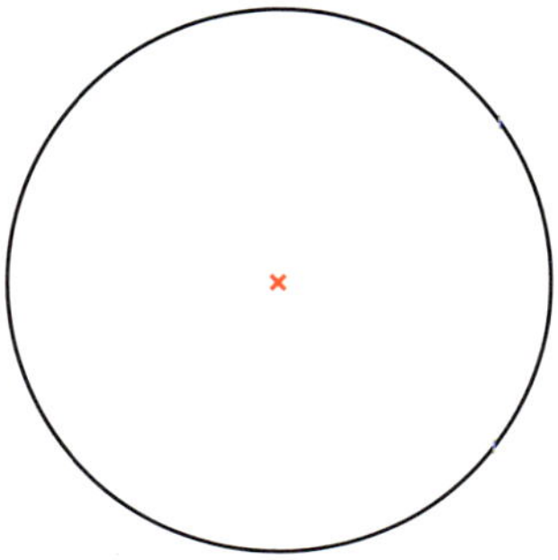

Radius: ______cm; Durchmesser: _____cm.

b)

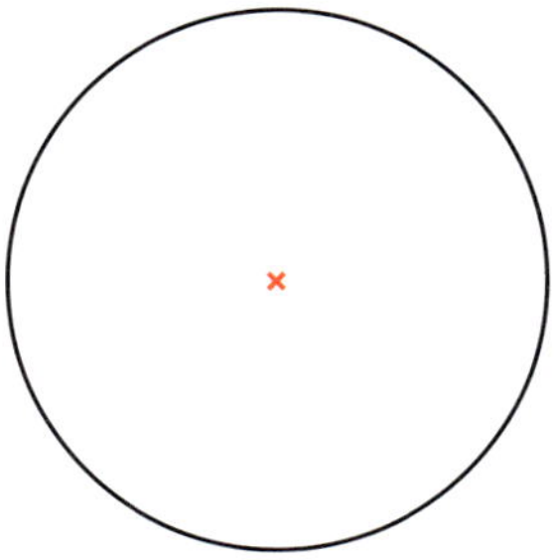

Radius: ______mm; Durchmesser: _____mm.

14 In der Figur sind um die Punkte A, B, C Kreise mit dem Radius 3 cm gezeichnet.
Zeichne weitere solche Kreise mit den Mittelpunkten D, E, F, G und H.
Male die die entstehende Figur mit Farben aus.

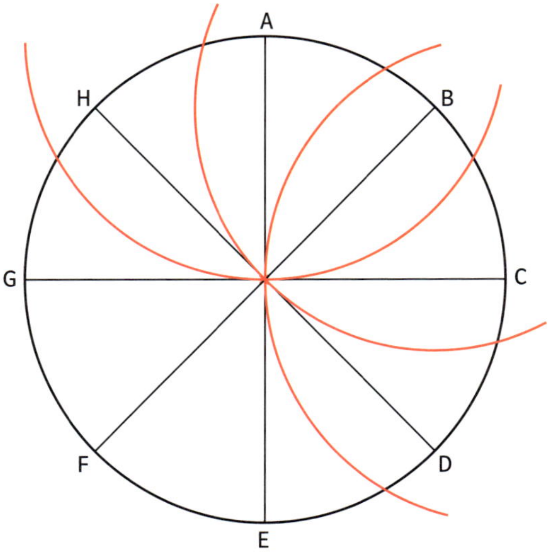

Außer Quadrat, Rechteck, Parallelogramm gibt es weitere besondere Vierecke.

Bei einer Raute sind alle vier Seiten gleich lang.

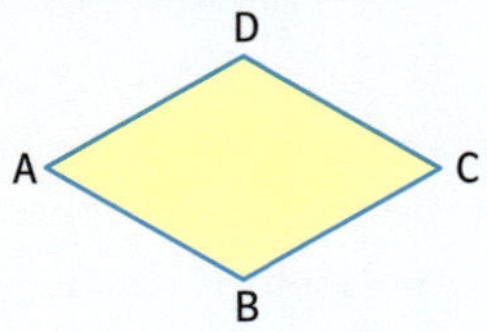

Bei einem Trapez ist ein Paar von gegenüber liegenden Seiten parallel.

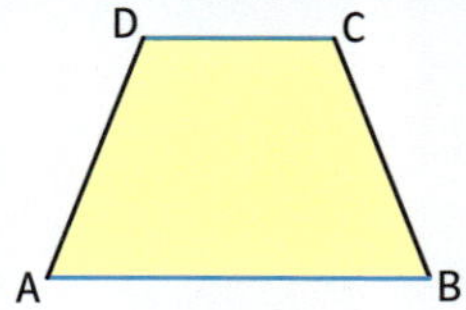

Bei einem Drachen sind zwei Paare benachbarter Seiten gleich lang.

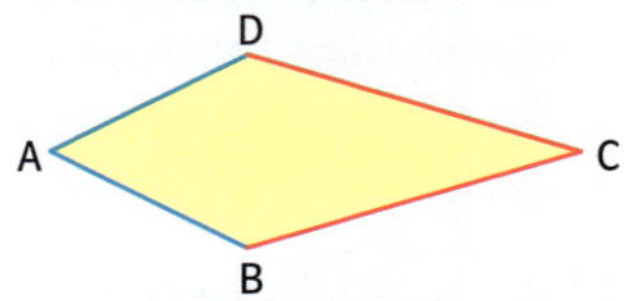

15 a) Ergänze die Figur zu einer Raute.

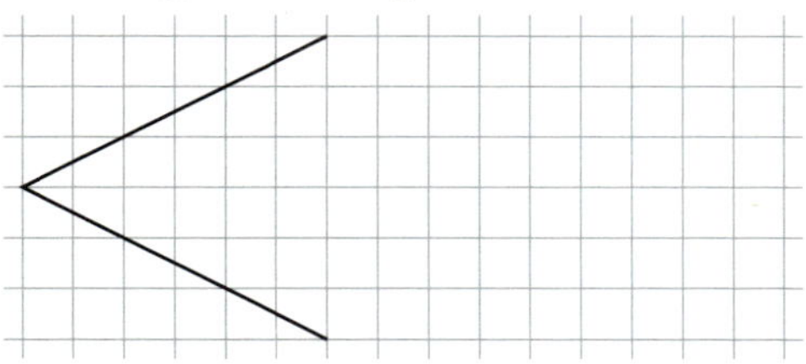

b) Ergänze die Figur zu einem Drachen.

16 In der Uhr ist eine der parallelen Trapezseiten eingezeichnet.
Vervollständige das Trapez.

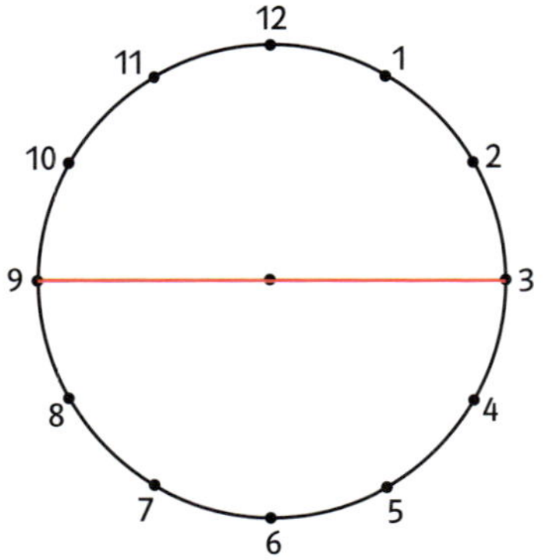

Die Reihenfolge der Eckpunkte ist

9 – ______________________ – 9

oder 9 – ______________________ – 9

oder 9 – ______________________ – 9

oder 9 – ______________________ – 9

4 Koordinatensysteme

Ein Koordinatensystem wird durch eine x-Achse und eine y-Achse festgelegt.

**Der Punkt P(5 | 2)
(sprich: fünf Strich zwei)
hat die x-Koordinate 5
und die y-Koordinate 2.**

**Der Ursprung O(0 | 0)
hat die x-Koordinate 0
und die y-Koordinate 0.**

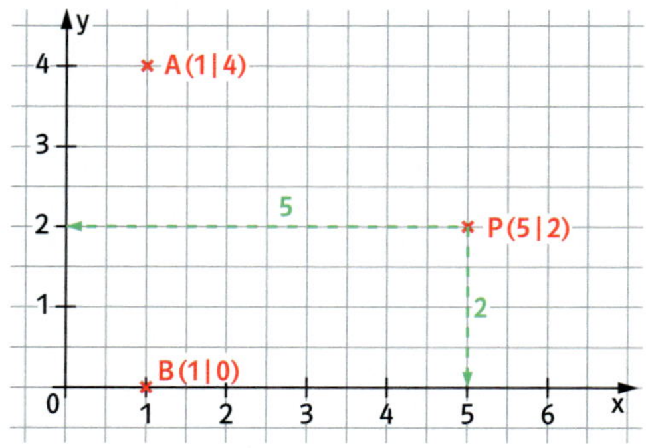

1 Lies die Koordinaten der Punkte ab.

A(3 | 1)

B(6 | 3)

C(0 | 2)

D(4 | 0)

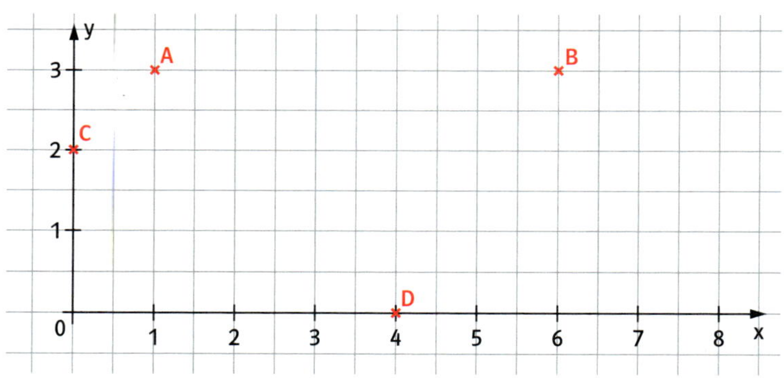

2 Welcher Punkt gehört zu den angegebenen Koordinaten?
Ergänze die fehlende Koordinate.

____ (4 | 2)　　　____ (5 | ____)

____ (____ | ____) hat die x-Koordinate 0.

____ (____ | ____) hat die y-Koordinate 3.

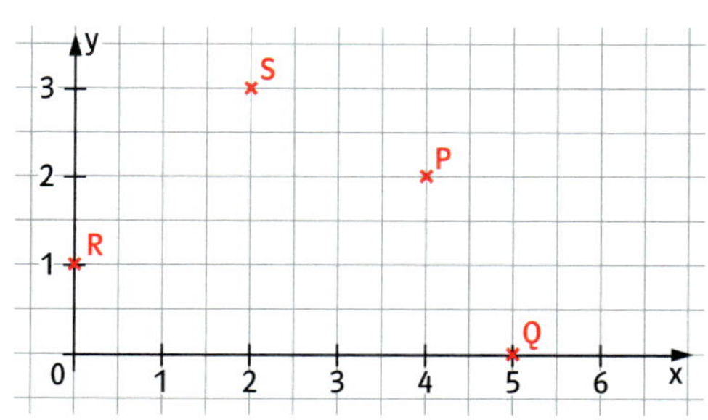

3 Gib die Koordinaten der Eckpunkte des Quadrates, des Rechtecks und des Parallelogramms an.

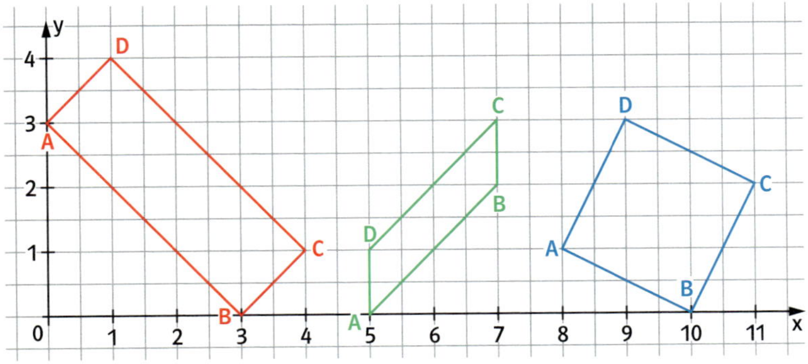

Quadrat	A(___ | ___);	B(___ | ___);	C(___ | ___);	D(___ | ___)
Rechteck	A(___ | ___);	B(___ | ___);	C(___ | ___);	D(___ | ___)
Parallelogramm	A(___ | ___);	B(___ | ___);	C(___ | ___);	D(___ | ___)

4 Die Punkte A, B, C, D liegen auf der Geraden g. Ergänze die Koordinaten und zeichne die Punkte ein.

A(0 | ___); B(___ | 1);

C(6 | ___); D(___ | 3).

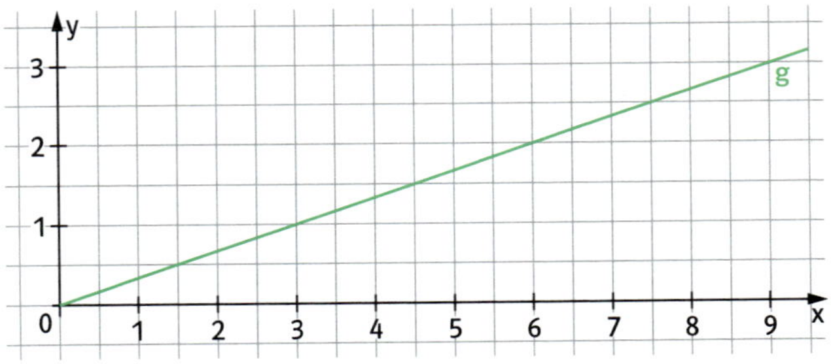

5 Zeichne die Punkte ein und verbinde sie. Welchen Gegenstand kannst du erkennen?

A(0 | 1); B(1 | 0);
C(6 | 0); D(7 | 1);
Verbinde: A – B – C – D – A

E(4 | 1); F(4 | 6)
Verbinde: E – F; A – F; D – F

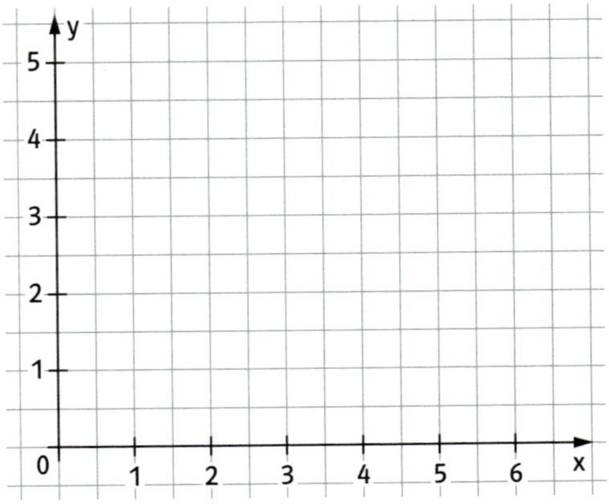

Gegeben sind die Punkte A, B, C.
Gesucht ist ein Punkt D,
damit ein Rechteck entsteht.

Ergebnis: D(4 | 5)

Gegeben sind die Punkte P, Q, R.
Gesucht ist ein Punkt S, damit
ein Parallelogramm entsteht.

Ergebnis: S(3 | 0)

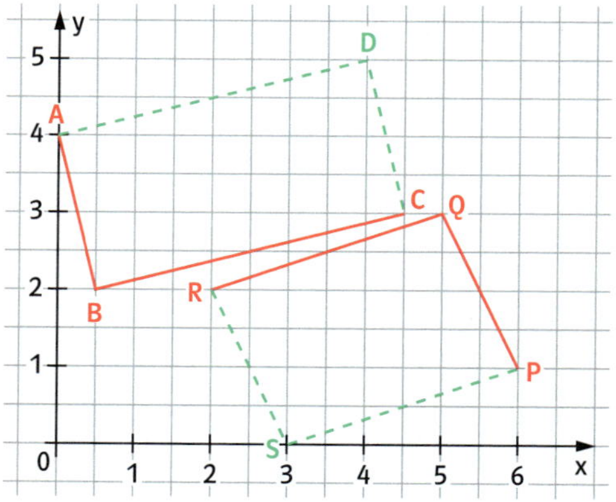

6

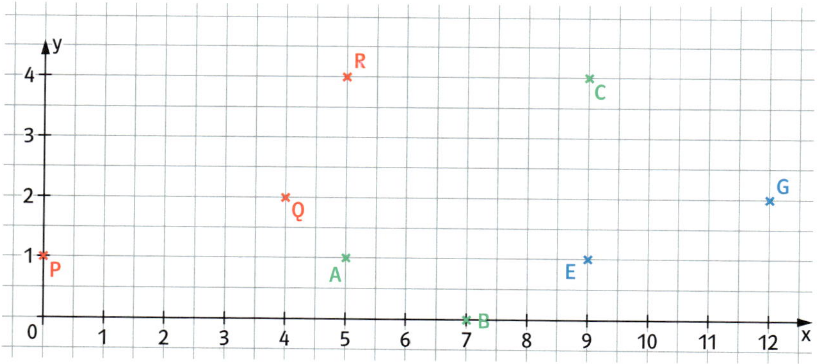

a) Die Punkte A, B, C, D sollen ein Rechteck bilden. Wie lauten die Koordinaten des Punktes D?

Ergebnis: D(____ | ____)

b) Die Punkte P, Q, R, S sollen ein Parallelogramm bilden. Wie lauten die Koordinaten des Punktes S?

Ergebnis: S(____ | ____)

c) Die Punkte E und G sind zwei einander gegenüberliegende Punkte eines Quadrates EFDH. Wie lauten die Koordinaten von F und H?

Ergebnis: F(____ | ____); H(____ | ____).

7 Die Gerade g geht durch die Punkte A(2 | 20) und B(40 | 20). Der Puntk P liegt auf g. Welche Koordinate von P kennt man dann?

Wenn man das Dreieck ABC an der Gerade BC spiegelt, ist der Spiegelpunkt von A der Punkt A′(2 | 3).

Das Viereck ABA′C ist ein Drache.

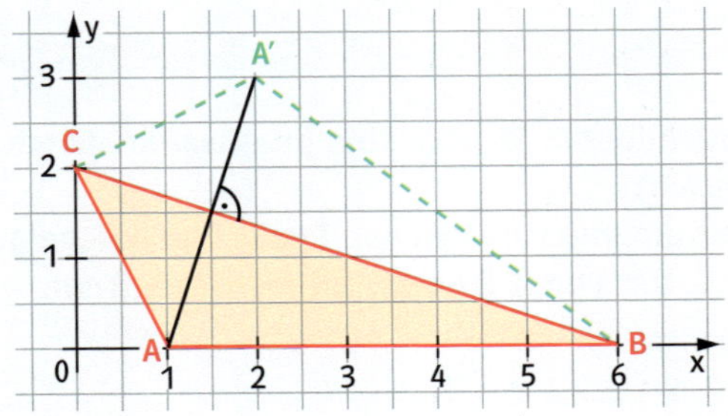

8

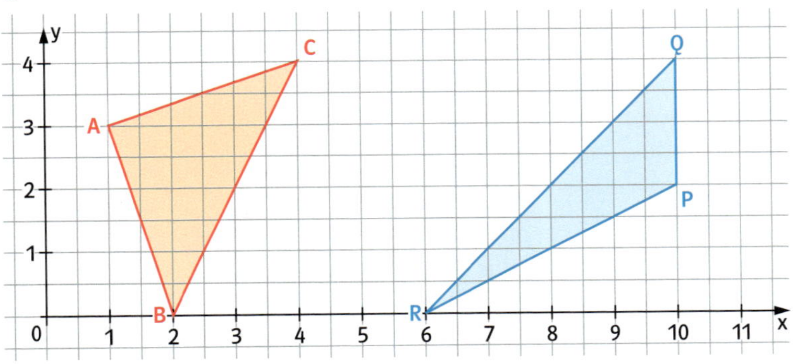

a) Spiegle das Dreieck ABC an der Gerade BC. Der Spiegelpunkt A′ hat die

Koordinaten A′(____ | ____). Das Viereck ABA′C ist ein ______________________ .

b) Spiegle das Dreieck PQR an der Gerade QR. Der Spiegelpunkt P′ hat die

Koordinaten P′(____ | ____). Das Viereck PQP′R ist ein ______________________ .

9 Gegeben ist die Gerade g, die parallel zur x-Achse ist und durch den Punkt G(0 | 5) geht.

a) Wenn man den Punkt A(1 | 0) an der Geraden g spiegelt, hat der Spiegelpunkt A′ die

Koordinaten A′(____ | ____).

b) Wenn man den Punkt B(200 | 5) an der Geraden g spiegelt, hat der Spiegelpunkt B′

die Koordinaten B′(____ | ____).

c) Welche Koordinaten hat der Punkt C, wenn sein Spiegelpunkt C′ die Koordinaten C′(200 | 4) hat?

Ergebnis: C′(____ | ____)

5 Punktsymmetrische Figuren

Die abgebildeten Figuren sind punktsymmetrisch. Man erkennt dies an folgender Eigenschaft:
Die Verbindungsstrecken von Punkt und Spiegelpunkt haben alle denselben Mittelpunkt Z. Der Punkt Z heißt Symmetriezentrum.

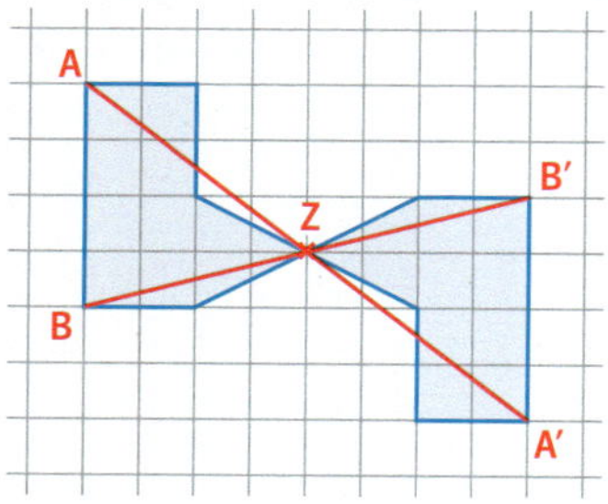

Die blaue Figur ist punktsymmetrisch, aber nicht achsensymmetrisch.

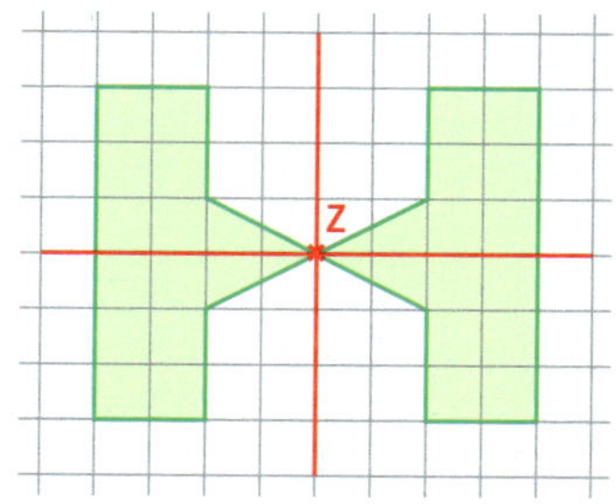

Die grüne Figur ist punktsymmetrisch und achsensymmetrisch.

1 Die Figur ist punktsymmetrisch. Zeichne das Symmetriezentrum Z ein und gib die Koordinaten von Z an.

a)

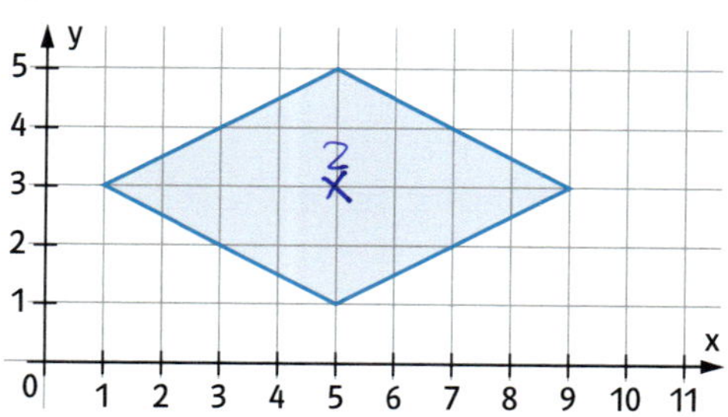

b)

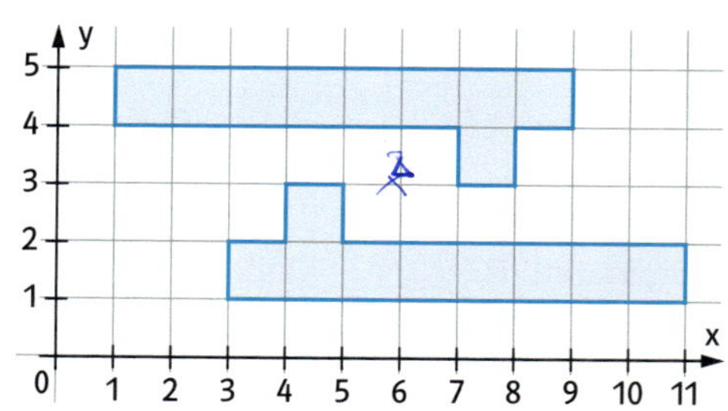

Ergebnis: a) Z(5 | 3) b) Z(6 | 3)

2 Wie heißt das Viereck? Ist es punktsymmetrisch? Zeichne das Symmetriezentrum ein.

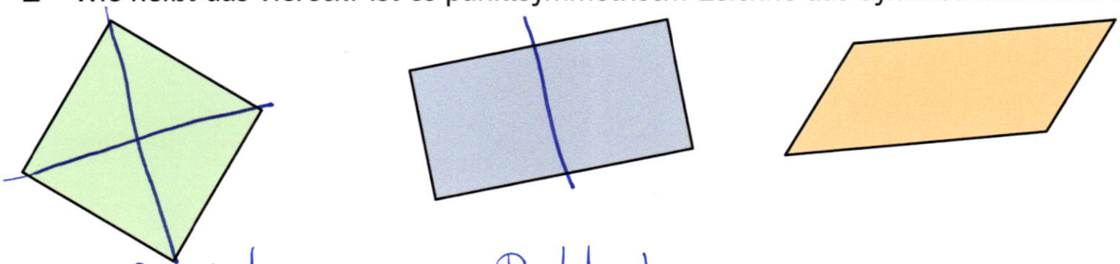

Name: Quadrat	Name: Rechteck	Name: ____________
☒ ja ☐ nein	☒ ja ☐ nein	☐ ja ☐ nein

Zum Spiegeln einer Figur an einem Punkt Z kann man das Geodreieck benutzen. Dabei legt man es mit der 0 auf das Spiegelzentrum Z und achtet darauf, dass ein Punkt und sein Spiegelpunkt denselben Abstand von Z haben.

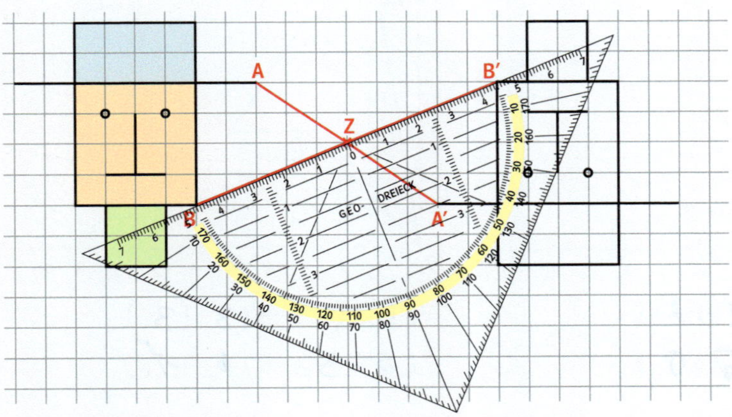

3 Welcher Punkt ist falsch gespiegelt. Kontrolliere mit dem Geodreieck.

a)

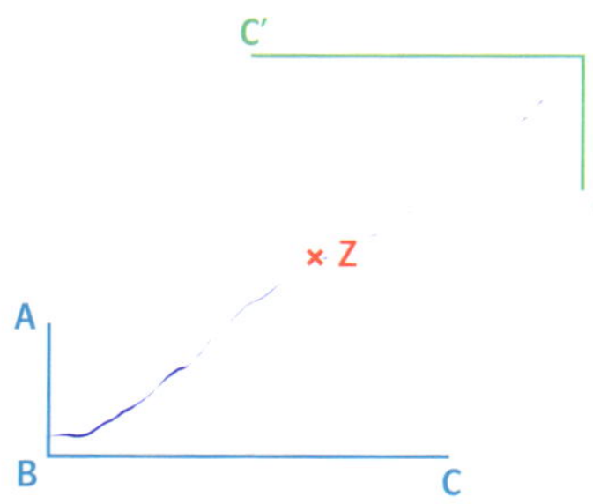

____ ist falsch gespiegelt.

b)

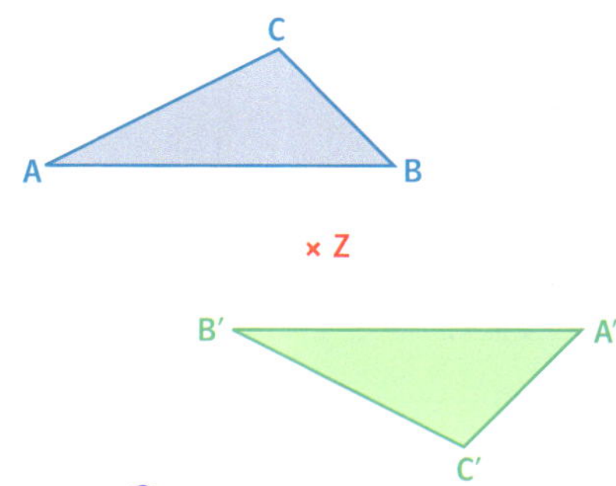

C ist falsch gespiegelt.

4 Spiegle die Figur am Punkt Z. Gib die Koordinaten der Spiegelpunkte an.

a)

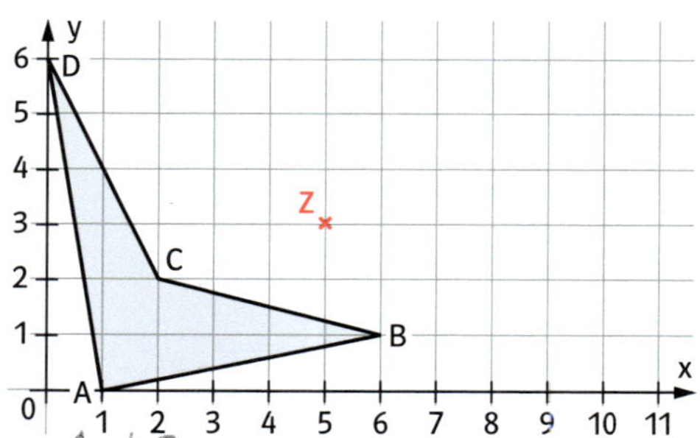

A′(___|___); B′(___|___);
C′(___|___); D′(___|___).

b)

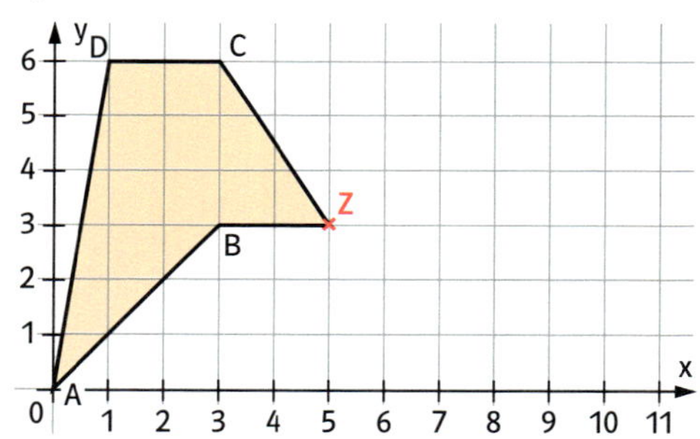

A′(0|0); B′(3|3);
C′(___|___); D′(___|___).

5 Ergänze die Farben so, dass die Figur punktsymmetrisch ist.

a)

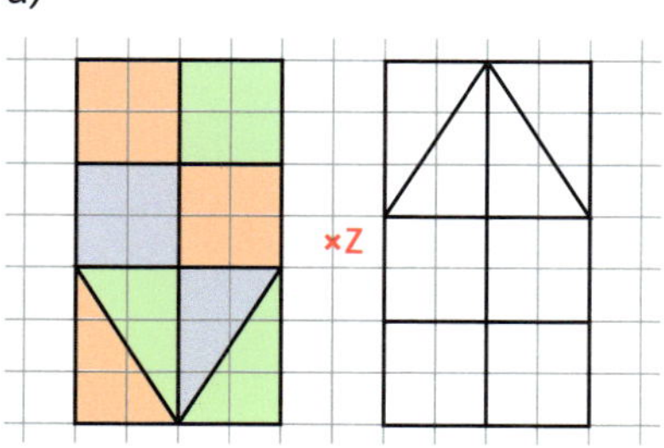

b)

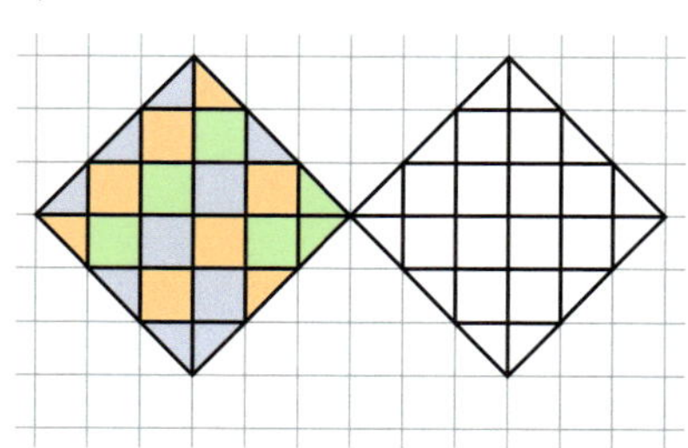

6 Spiegle die Figur in a) an der Spiegelachse g und in b) am Punkt Z. Beachte die Farben.

a)

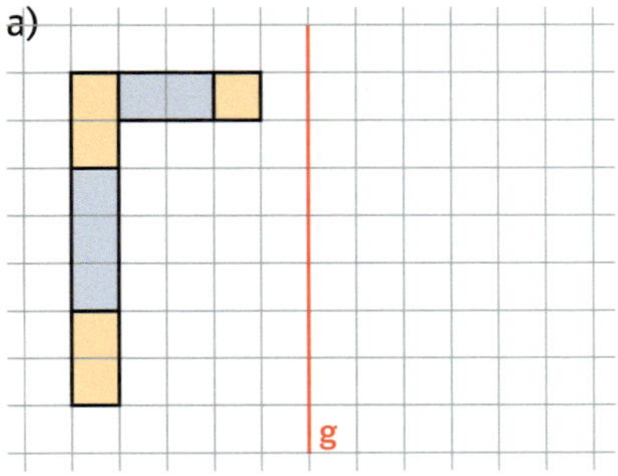

b)

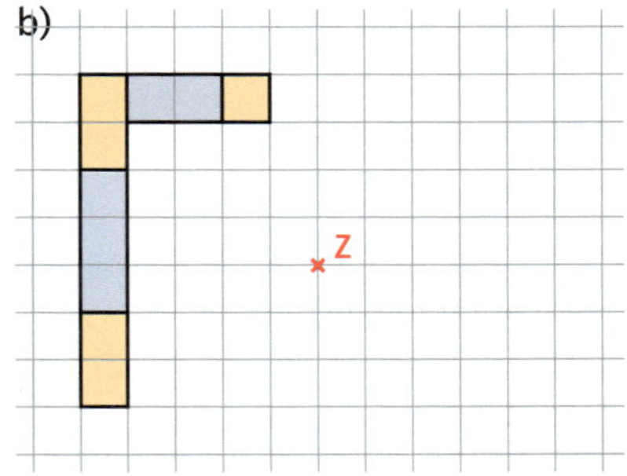

7 Kreuze alle Buchstaben an, die punktsymmetrisch sind? Zeichne in diesem Fall das Symmetriezentrum ein.

A ☐	B ☐	C ☐	D ☐
E ☐	F ☐	H ☐	I ☐
M ☐	N ☐	X ☐	U ☐

Test Nr. 1

Schreibe die Lösung in das dunkle Feld. Kontrolliere anschließend deine Lösungen.
Schreibe ein „r", wenn du die Aufgabe richtig gelöst hast.
Schreibe ein „f", wenn du die Aufgabe falsch gelöst hast.

		r/f
1 Kreuze an, falls die Gerade eine Symmetrieachse der Figur ist.	☐ **g ist Symmetrieachse**	____
	☐ **f ist Symmetrieachse**	____
	☒ **h ist Symmetrieachse**	____

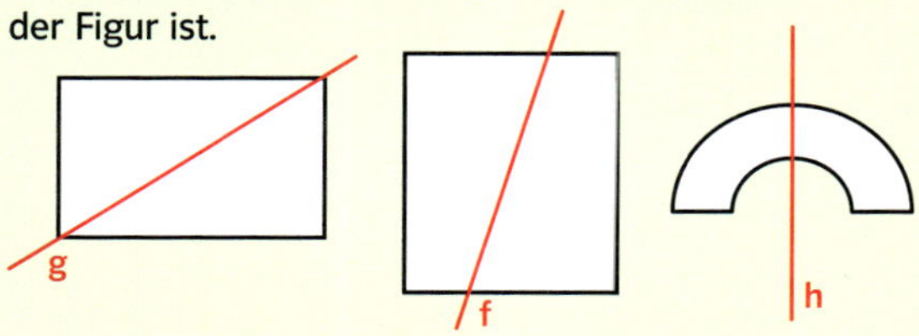

		r/f
2 Kreuze alle richtigen Aussagen an.	☐ **b und c sind parallel**	____
	☐ **b und c sind orthogonal**	____
	☐ **a und d sind parallel**	____
	☐ **b und e sind orthogonal**	____

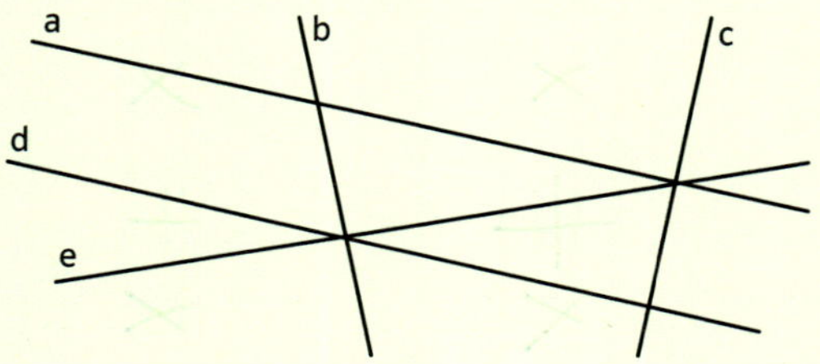

3 Ist die Zuordnung von Figur und Täfelchen richtig oder falsch?

1. Quadrat
2. Rechteck
3. Parallelogramm
4. Raute
5. Drachen
6. Trapez

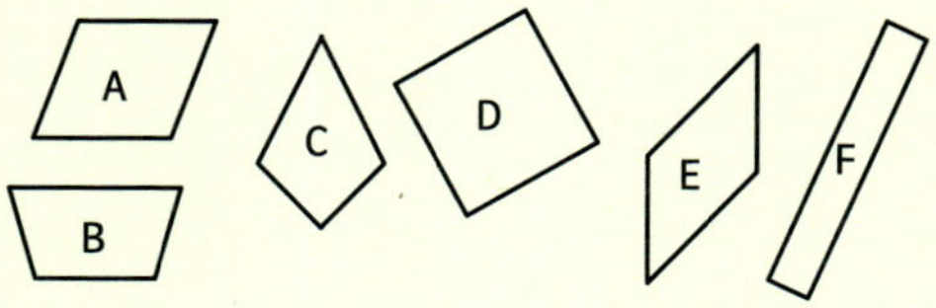

			r/f
A–2	☐ r	☐ f	____
A–3	☐ r	☐ f	____
D–1	☐ r	☐ f	____
D–2	☐ r	☐ f	____
D–3	☐ r	☐ f	____
F–3	☐ r	☐ f	____
C–6	☐ r	☐ f	____

4 Welche der Druckbuchstaben

C, H, I, W, Z

sind achsensymmetrisch und punktsymmetrisch?
Schreibe sie auf.

Es sind die Buchstaben: ________________ r/f: ____

Test Nr. 2

Schreibe die Lösung in das dunkle Feld. Kontrolliere anschließend deine Lösungen.
Schreibe ein „r", wenn du die Aufgabe richtig gelöst hast.
Schreibe ein „f", wenn du die Aufgabe falsch gelöst hast.

		r/f
1 Ist die Aussage richtig oder falsch?		
a) Die x-Koordinate von P(0 I 9) ist 9.	☐ richtig ☐ falsch	____
b) P(0 I 9) liegt auf der x-Achse.	☐ richtig ☐ falsch	____
2 Von einem Rechteck ABCD kennt man die Koordinaten der Punkte A(1 I 1), B(7 I 1) und C(7 I 4).		
a) Wie lauten die Koordinaten von D?	D(____ I ____)	____
b) Liegt der Punkt P(5 I 5) im Inneren des Rechtecks ?	☐ ja ☐ nein	____
3 Füge das Zeichen ⊥ oder das Zeichen II ein.	a ____ b	____
	a ____ c	____
	b ____ d	____

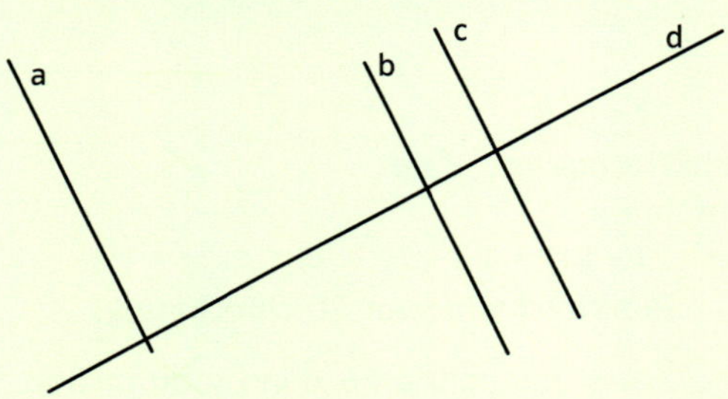

4 Kreuze „Ja" an, falls die Figur punktsymmetrisch ist, sonst „Nein".

Figur A

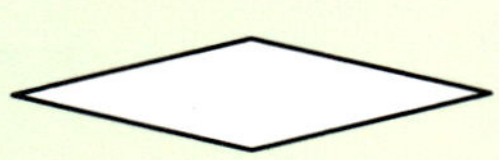
Figur B

Figur C

		r/f
Figur A	☐ ja ☐ nein	____
Figur B	☐ ja ☐ nein	____
Figur C	☐ ja ☐ nein	____

5 Bei welchen Vierecken ist der Diagonalenschnittpunkt immer das Symmetriezentrum?
Kreuze alle richtigen Antworten an.

	r/f
☐ Quadrat	____
☐ Rechteck	____
☐ Parallelogramm	____

III Rechnen

1 Rechenausdrücke

Im Rechenausdruck kommen nur **Strichrechungen** „+“ und „−“ vor. Man rechnet **von links nach rechts**: ⟶	**25 + 8 − 19 + 31** 25 + 8 − 19 + 31 = 33 − 19 + 31 = 14 + 31 = 45

1 Berechne.

a) 16 + 8 − 10 = ____________

b) 55 − 9 − 25 = ____________

c) 25 − 5 + 13 = 33

d) 24 + 8 − 16 = ____________

e) 22 + 33 + 13 − 26 − 16 + 18 = ____________

Im Rechenausdruck **23 + 8 · 9**
kommt eine **Strichrechung** „+“ und eine **Punktrechnung** „·“ vor.
Man muss zuerst die Punktrechnung durchführen:

23 + 8 · 9 = 23 + 72 = 95
Punktrechnung vor Strichrechnung!

15 · 3 − 3 · 9 = 45 − 27 = 18 — Zuerst multiplizieren, dann subtrahieren.

9 · 5 − 35 : 5 = 45 − 7 = 38 — Zuerst multiplizieren und dividieren, dann subtrahieren.

Strichrechnungen sind „plus +“ und „minus −“.
Punktrechnungen sind „mal ·“ und „geteilt :“.

2 Berechne.

a) 6 · 9 − 10 = ____________

b) 8 · 9 + 8 = ____________

c) 45 : 5 + 18 = ____________

d) 84 + 48 : 8 = ____________

e) 45 − 5 · 8 = ____________

f) 2 · 8 + 8 · 3 = ____________

Im Rechenausdruck **15·(17 − 13) + 35**
kommt eine **Klammer** vor. Sie muss zuerst berechnet werden:

15·(17 − 13) + 35	Zuerst Klammerrechnung,
= 15 · 4 + 35	dann Punktrechnung,
= 60 + 35	zuletzt Strichrechnung.
= 95	

Kurz: „Klammer vor Punkt vor Strich!"

5·(30 − 3·8)
= 5·(30 − 24)
= 5·6
= 30

Achtung: In der Klammer steht ein Produkt. Das muss zuerst berechnet werden.

3 Berechne und vergleiche. Schreibe in a) auf, in welcher Reihenfolge du rechnest. Berechne anschließend.

a) (12 − 3)·3 Zuerst die Klammer, dann die ______

Rechnung: ______

12 − 3·3 Zuerst ______, dann ______

Rechnung: ______

b) 2·(2 + 3·4) = ______

2·2 + 3·4 = ______

2·(2 + 3)·4 = ______

4 a) Fülle die Kästchen aus.

b) Der zugehörige Rechenausdruck lautet

______

c) Zeichne einen Rechenbaum zu
(23 + 17)·3 − 5·8 und rechne dann.

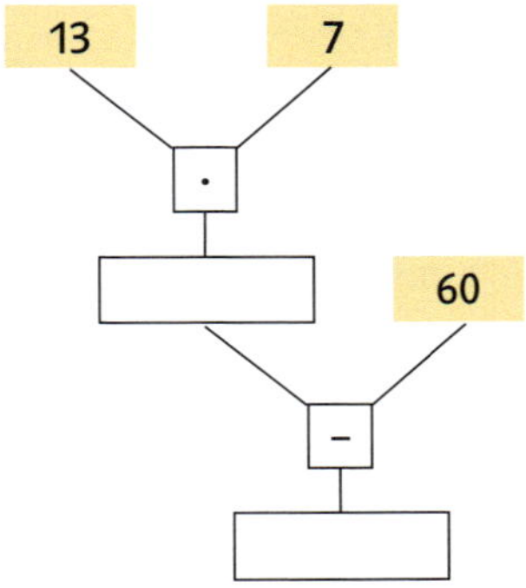

5 Vergleiche. Was fällt dir auf?

16·5 − 5·2 = ______

16·(5 − 5)·2 = ______

Im Rechenausdruck kommt eine **innere und eine äußere Klammer** vor. Die **innere** Klammer muss **zuerst** berechnet werden.

$\mathbf{5\cdot(\underbrace{(7-4)}_{\text{innere Klammer}}\cdot 6+2)}$

$$\begin{aligned} & 5\cdot((7-4)\cdot 6+2) \\ =\ & 5\cdot(3\cdot 6+2) \\ =\ & 5\cdot(18+2) \\ =\ & 5\cdot 20 \\ =\ & 100 \end{aligned}$$

Kurz: „Innere Klammer vor äußerer Klammer!"

6 Welcher Buchstabe gehört zu welchem Ergebnis?

A $((23+7)\cdot 4-5\cdot 6):3$ **B** $(23\cdot 4+7\cdot 4-5\cdot 6):3$

C $(23+7\cdot 4-5\cdot 6):3$ **D** $120:3-(5\cdot 6):3$

E $(23+7)\cdot 4-5\cdot 6:3$ **F** $(30:3)\cdot 4-5\cdot(6:3)$

7 ______________

30 ______________

110 ______________

Denk daran:

Summe von 8 und 4: $8+4$

Produkt von 8 und 4: $8\cdot 4$

Das **Achtfache** von 4: $8\cdot 4$

Differenz von 8 und 4: $8-4$

Quotient von 8 und 4: $8:4$

7 Was gehört zusammen?

A Verdreifache die Summe aus 35 und 5 und subtrahiere davon das Produkt aus 30 und 4.

B Dividiere die Differenz aus 35 und 5 durch 3 und addiere zum Ergebnis das Vierfache von 30.

C Subtrahiere das Produkt aus 5 und 3 von 35 und addiere dazu die Summe aus 30 und 4.

(I) $(35-5):3+(30\cdot 4)$

(II) $35-5\cdot 3+(30+4)$

(III) $(35+5)\cdot 3-30\cdot 4$

(IV) $(35\cdot 5)\cdot 3-(30+4)$

(V) $5\cdot 3-35+30\cdot 4$

(VI) $(35:5)\cdot 3+30\cdot 4$

8 Berechne mit dem Taschenrechner.

a) $4\cdot 125-13\cdot 18=$ ______________

b) $(155:5+23\cdot 18)\cdot(1023-233)=$ __________

2 Schriftliches Addieren

Bei der Zahl 3458 ist
8 der **Einer**, 5 ist der **Zehner**, 4 ist der **Hunderter** und 3 der **Tausender**.
Beim schriftlichen Addieren schreibt man **Einer unter Einer**, **Zehner unter Zehner** usw.

	3	4	5	8
+	4	2	3	1
	7	6	8	9

Man rechnet:
1 + 8 = 9
3 + 5 = 8
2 + 4 = 6
4 + 3 = 7

1 Berechne.

a)

	6	2	1
+	2	4	1
	8	6	2

b)

	8	3	2	1
+	1	2	5	7
	9	5	7	8

c)

	5	4	7	1
+	4	5	1	3
	9	9	8	4

2 Schreibe zuerst untereinander und berechne anschließend.
a) 4213 + 1234
b) 5721 + 4148
c) 6381 + 2517

Achtung: Hier gibt's einen **Übertrag**!

		3	4	5	8
+		9	5	2	4
				1	
	1	2	9	8	**2**

4 + 8 = 12 **schreibe 2, übertrage 1**
1 + 2 + 5 = 8
5 + 4 = 9
9 + 3 = 12 schreibe 12

3 Schreibe zuerst untereinander und berechne anschließend.

a) 8295 + 2234 b) 9756 + 4157 c) 7978 + 9567

4 Fülle die leeren Kästchen aus.

a)

+	111	213	407	670
111	222	324	518	781
213	324	426	620	883
407	518	620	814	1077
670	781	883	1077	1314

b)

+	291	509	555	987
291				
509				
555				
987				

5 Ergänze die leeren Kästchen.

a)

		2		7
	+		4	
		8	6	9

b)

		8		1	6
+			3		7
	1	7	8	5	

c)

		7		9	
+			9	1	7
	1	3	6		5

6 Wo stecken die Fehler?

a)

		6	4	3
+		5	8	2
		1		
	1	1	2	5
	1	2	2	5

b)

		9	2	0	3
	+	5	6	7	9
				1	
		4	8	8	1
1	4	8	8	2	

c)

	9	4	7	7
+	8	9	8	9
1	7	3	5	6

Das kennst du noch:

Für **Längen** gilt:	1 km = 1000 m;	1 m = 10 dm;	1 dm = 10 cm;	1 cm = 10 mm
Für **Gewichte** gilt:	1 t = 1000 kg;	1 kg = 1000 g;	1 g = 1000 mg	
Für **Zeitdauern** gilt:	1 d = 24 h;	1 h = 60 min;	1 min = 60 s	

7 a) 23 m = ______ dm 2 m 5 dm = ______ dm 5 dm 13 cm = ______ cm

b) 15 t = ______ kg 2 t 123 kg = ______ kg 5 kg 23 g = ______ g

c) 3 h = ______ min 2 h 13 min = ______ min 5 min 3 s = ______ s

Größen werden **vor dem Addieren** in die kleinere Einheit **umgerechnet**.

123 t 715 kg + 28 t 801 kg
= 123 715 kg + 28 801 kg
= 152 516 kg

7 km 799 m + 23 km 405 m
= 7799 m + 23 405 m
= 31 204 m

Nebenrechnungen:

	1	2	3	7	1	5
+		2	8	8	0	1
		1	1			
	1	5	2	5	1	6

		7	7	9	9
+	2	3	4	0	5
	1	1	1	1	
	3	1	2	0	4

8 Überprüfe, ob man zuerst umwandeln muss, bevor man addiert.

a) 5 kg + 38 kg + 36 kg b) 2 t 115 kg + 13 t 920 kg c) 5 g 23 mg + 490 mg
d) 13 km 455 m + 2888 m e) 4650 cm + 689 cm f) 23 m 5 dm + 13 m 187 dm
g) 5 d 18 h + 125 d 17 h h) 256 h 13 min + 4788 min i) 147 min 17 s + 1788 s

Ergebnisse:

a)	b)	c)
d)	e)	f)
g)	h)	i)

9 Zum Abschluss noch ein paar „Riesen".

a) 11 kg + 22 222 g + 333 333 mg = ______________________

____

____

b) 101 km + 10 001 m + 1 000 001 dm = ______________________

____

____

c) 1000 d + 1000 h + 1000 min = ______________________

____

____

3 Schriftliches Subtrahieren

Beim schriftlichen Subtrahieren schreibt man **Einer unter Einer**, **Zehner unter Zehner** usw. Subtrahieren kann man mit verschiedenen Verfahren.

	3	7	1	**5**
−	1	4	0	**1**
	2	3	1	**4**

Subtraktionsverfahren	oder	Ergänzungsverfahren
5 − 1 = 4, schreibe 4	**oder**	**1 + 4 = 5, schreibe 4**
1 − 0 = 1, schreibe 1	oder	0 + **1** = 0, schreibe 1
7 − 4 = 3, schreibe 3	oder	4 + **3** = 7, schreibe 3
3 − 1 = 2, schreibe 2	oder	1 + **2** = 3, schreibe 2

1 Schreibe zuerst untereinander und berechne anschließend.

a) 4359 − 1234 b) 5771 − 4140 c) 6789 − 2517

Achtung: Hier gibt's einen **Übertrag**!

	3	7	9	**5**
−	1	4	2	**8**
			1	
	2	3	6	**7**

5 − 8 geht nicht, also leiht man sich 1 Zehner und rechnet:

15 − 8 = 7, schreibe 7, übertrage 1 Zehner

9 − 2 − 1 = 6, schreibe 6…,

2 Berechne.

a)

	7	2	9
−	2	4	1

b)

	7	5	2	1
−	6	2	5	7

c)

	9	4	1	7
−	4	5	6	9

3 Schreibe zuerst untereinander und berechne anschließend.

a) 8595 − 1534 b) 8978 − 1567 c) 10756 − 4157

4 Ergänze die leeren Kästchen.

a)

	8		7
−		4	
	8	3	2

b)

	9		1	2
−		3		1
	1	8	5	

c)

	8		9	
−		9	1	7

5 Überprüfe, ob man zuerst umwandeln muss, bevor man subtrahiert.

a) 1122 kg − 897 kg b) 52 t 879 kg − 3 t 120 kg c) 169 g 145 mg − 5 g 9 mg

d) 899 km 160 m − 2888 m e) 278 h 20 min − 12 h 28 min

4 Schriftliches Multiplizieren

Beim **schriftlichen Multiplizieren** einer großen Zahl **mit einer einstelligen Zahl** geht man so vor:

1	3	4	·	2
		2	6	**8**

2 · 4 = 8, schreibe 8
2 · 3 = 6, schreibe 6
2 · 1 = 2, schreibe 2

Wenn es einen **Übertrag** gibt, geht man so vor:

1	3	7	·	2
		2	**7**	**4**

2 · 7 = 14, schreibe 4, merke 1
2 · 3 = 6, 6 + 1 = 7, schreibe 7
2 · 1 = 2, schreibe 2

1 a)

4	3	2	·	2
		8	6	4

b)

3	2	3	·	3
		9	6	9

c)

1	2	4	·	4
		4	9	6

d)

7	8	2	·	8
	6	2	5	6

e)

8	5	4	·	7

f)

5	7	2	8	·	6

Beim **schriftlichen Multiplizieren** einer großen Zahl **mit einer mehrstelligen Zahl** führt man dieses Verfahren mehrfach durch und addiert die Teilergebnisse.

1	3	4	·	2	4
		2	6	8	0
+			5	3	6
		1	1		
		3	2	1	6

denn 134 · 20 = 268**0**
denn 134 · 4 = 536

Kurz:

1	3	4	·	2	4
		2	6	8	
+			5	3	6
		1	1		
		3	2	1	6

2 a)

4	3	2	·	2	5
		2	1	6	0
		8	6	4	
	1	0	8	0	0

b) 5 7 2 · 6 3

c) 9 3 4 · 7 3

d) 4 5 3 · 3 2 5

e) 3 5 7 · 2 3 4

f) 2 3 5 9 · 8 9 1

Beim **Überschlag** kann man einfach **jeden Faktor auf die höchste Stelle runden.**

4789 · 328 ≈ 5000 · 300 = 1500000 ≈ heißt „ungefähr gleich"

↑ 3 Nullen ↑ 2 Nullen ↑ 5 Nullen

Achtung: Zähle die Nullen!

3 Führe eine Überschlagsrechnung durch.

a) 879 · 38 b) 6245 · 234 c) 2908 · 8299

4 Führe eine Überschlagsrechnung durch. Berechne anschließend.

a) 4587 · 56 b) 9299 · 156 c) 6571 · 2578

Hat der **1. Faktor eine Null** als Ziffer, so geht man vor wie immer.

2	0	7	·	8
	1	6	5	6

Hat der **2. Faktor eine Null** als Ziffer, so kann man die Rechnung abkürzen.

Ausführlich:

6	3	7	·	1	0	3
		6	3	7		
			0	0	**0**	
			1	9	1	1
			1			
		6	5	6	1	1

Kurz:

6	3	7	·	1	0	3
		6	3	7	**0**	
			1	9	1	1
			1			
		6	5	6	1	1

Die **Null** wird der vorigen Zeile **angehängt**.

5 Markiere zuerst die Nullen. Rechne anschließend. Trage deine Ergebnisse in die Tabelle ein.

a) 501 · 23 b) 512 · 203 c) 501 · 203
d) 6003 · 58 e) 638 · 5008 f) 6003 · 5008
g) 8700 · 87 h) 871 · 8070 i) 8700 · 8070

a)	d)	g)
b)	e)	h)
c)	f)	i)

Manchmal ist es günstig, die **Faktoren** zuerst **zu vertauschen**.

15 · 8201 = 8201 · 15
597 · 4873 = 4873 · 597
} Weniger Rechenaufwand, da der 2. Faktor weniger Stellen hat.

3000 · 547 = 547 · 3000
7002 · 691 = 691 · 7002
} Weniger Rechenaufwand, da der 2. Faktor mehr Nullen hat.

6 Ist es günstig, die Faktoren vor der Rechnung zu vertauschen?

	Ja	Nein
257 · 35		
987 · 601		
97 · 572		

	Ja	Nein
9001 · 238		
587 · 2002		
234 · 5555		

7 Berechne.

a) 687 · 204 = ____________

b) 111 · 97 = ____________

c) 13 · 879 = ____________

d) 502 · 405 = ____________

e) 1200 · 6900 = ____________

f) 1002 · 1002 = ____________

g) 69 · 202 = ____________

h) 23 · 4009 = ____________

5 Schriftliches Dividieren

Beim **schriftlichen Dividieren** geht man so vor:

	7	2	:	3	=	2	4
−	6						
	1	2					
−	1	2					
		0					

3 geht in 7 zweimal,	schreibe 2
$2 \cdot 3 = 6$,	schreibe 6
$7 - 6 = 1$,	schreibe 1,
hole die 2 nach unten	usw.

Manchmal bleibt beim Dividieren ein **Rest**:

	7	4	:	3	=	2	4	Rest 2
−	6							
	1	4						
−	1	2						
		2						

Hier muss man gleich mit 11 : 3 beginnen:

1	1	4	:	3	=	3	8
−	9						
	2	4					
−	2	4					
		0					

1

a) 1 1 9 : 7 =

b) 4 8 6 : 9 =

c) 1 5 6 : 1 2 = 13

c)	1	5	6	:	1	2	=	1 3
−	1	2						
		3	6					
	−	3	6					
			0					

d)	2	8	5	:	1	5	=	1
−	1	5						
	1	3						

e) 2 1 1 3 : 1 5 =

f) 5 8 7 6 : 2 1 =

2 a) Wie oft passt 7 in 1967? ________

b) Dividiere 185 durch 5. ________

c) Berechne den Quotient 855:5. ________

d) Wie oft passt 23 in 1334? ______

So kann man beim Dividieren eine **Probe** machen:

Ohne Rest:	72 : 3 = 24	Probe: 24 · 3 = 72
Mit Rest:	74 : 3 = 24 Rest 2	Probe: 24 · 3 + 2 = 72 + 2 = 74

3 Dividiere. Führe anschließend die Probe durch.

a) 5481 : 29 = _____

b) 5859 : 31 = _____

c) 7938 : 42 = _____

d) 6362 : 52 = _____

e) 2383 : 98 = _____

f) 10 578 : 102 = _____

Hat die **1. Zahl eine Null** als Ziffer, so geht man vor wie immer.

	7	0	2	:	3	=	2	3	4
−	6								
	1	0							
−		9							
		1	2						
	−	1	2						
			0						

Kommt im **Ergebnis eine Null** vor, so muss auch eine Null subtrahiert werden.

	6	1	3	5	:	1	5	=	4	**0**	9
−	6	0									
		1	3								
	−		**0**								
		1	3	5							
	−	1	3	5							
				0							

$0 \cdot 15 = 0$, subtrahiere 0

4 Die wilde 13.

178 : 13 = ________ 1845 : 13 = ________ 17865 : 13 = ________

143 : 13 = ________ 1313 : 13 = ________ 13013 : 13 = ________

5 Führe zuerst einen Überschlag durch und rechne anschließend.

a) 458: 23 ≈ ____________________

458: 23 = ____________________

b) 872 : 32 ≈ ____________________

872 : 32 = ____________________

TIPP
Beim Überschlag sollte kein Rest entstehen!

6 Bruchteile von Größen

Bruchteile von Größen kann man **ohne Bruchstrich** schreiben, wenn man **in eine kleine Einheit umrechnet**. Das geht so:

$\frac{1}{4}$km = 1 km : 4 = 1000 m : 4 = 250 m „1 km wird in 4 gleiche Teile geteilt"

$\frac{1}{8}$kg = 1 kg : 8 = 1000 g : 8 = 125 g „1 kg wird in 8 gleiche Teile geteilt"

$\frac{1}{4}$d = 1 d : 4 = 24 h : 4 = 6 h „1 d wird in 4 gleiche Teile geteilt"

1 Ergänze ebenso.

a) $\frac{1}{2}$m = 1 m : 2 = 10 dm : 2 = 5 dm / 50 cm „1 m wird in 2 gleiche Teile geteilt"

b) $\frac{1}{4}$m = 1 m : 4 = 100 cm : 4 = 25 cm „1 m wird in 4 gleiche Teile geteilt"

c) $\frac{1}{2}$kg = 1 kg : 2 = 1000 g : 2 = 500 g „1 kg wird in 2 gleiche Teile geteilt"

d) $\frac{1}{4}$kg = 1 kg : 4 = 1000 g : 4 = 250 g „1 kg wird in 4 gleiche Teile geteilt"

e) $\frac{1}{2}$g = 1 g : 2 = 1000 mg : 2 = 500 mg „1 g wird in 2 gleiche Teile geteilt"

f) $\frac{1}{4}$g = 1 g : 4 = 1000 mg : 4 = 250 mg „1 g wird in 4 gleiche Teile geteilt"

g) $\frac{1}{2}$min = 1 min : 2 = 60 s : 2 = 30 s 1 min wird in 2 gleiche Teile geteilt"

h) $\frac{1}{4}$min = 1 : 4 = 60 : 4 = 15 s „1 min wird in 4 gleiche Teile geteilt"

$\frac{3}{4}$m = 3 · $\frac{1}{4}$m = 3 · 25 cm = 75 cm

$\frac{5}{8}$g = 5 · $\frac{1}{8}$g = 5 · 125 mg = 625 mg

$\frac{3}{4}$km = 3 · $\frac{1}{4}$km = 3 · 250 m = 750 m

$\frac{3}{4}$d = 3 · $\frac{1}{4}$d = 3 · 6 h = 18 h

2 a) $\frac{1}{2}$dm = 50 cm b) $\frac{1}{2}$cm = 5 mm c) $\frac{1}{2}$g = 500 mg

3 a) $\frac{1}{2}$d = 12 h b) $\frac{1}{4}$d = 6 h c) $\frac{1}{4}$min = 15 s

d) $\frac{3}{4}$t = 750 kg e) $\frac{3}{4}$dm = 75 mm f) $\frac{5}{8}$g = 625 mg

Tipp
Wenn man das auswendig weiß, geht's leichter:

$\frac{1}{2}$ km = 500 m = 0,5 km — $\frac{1}{4}$ km = 250 m = 0,25 km — $\frac{1}{8}$ km = 125 m = 0,125 km

$\frac{1}{2}$ m = 50 cm = 0,5 m — $\frac{1}{4}$ m = 25 cm = 0,25 cm

$\frac{1}{2}$ dm = 5 cm = 0,5 dm — $\frac{1}{4}$ dm = 25 mm = 0,25 dm

4 a) $3\frac{1}{2}$ t = ______ kg = ______ t — b) $\frac{1}{8}$ t = ______ kg = ______ t

c) $\frac{1}{2}$ kg = ______ g = ______ kg — d) $\frac{1}{8}$ kg = ______ g = ______ kg

5 a) 250 g = ______ kg — b) 250 kg = ______ t — c) 250 m = ______ km

d) 750 g = ______ kg — e) 750 kg = ______ t — f) 750 m = ______ km

g) 1250 g = ______ kg — h) 60 h = ______ d — i) 105 min = ______ h

Wenn man **Bruchteile addieren** will, rechnet man sie zuerst in eine kleinere Einheit um: $\frac{1}{2}$ t + $\frac{3}{4}$ t = 500 kg + 750 kg = 1250 kg

6 a) $3\frac{1}{2}$ t + $\frac{1}{4}$ t = ______ — b) $2\frac{3}{4}$ km + $\frac{1}{2}$ km = ______

c) $4\frac{3}{4}$ h − $1\frac{1}{2}$ h = ______ — d) $5\frac{1}{4}$ m − $2\frac{3}{4}$ m = ______

7 Anwendungen

Bei umfangreichen Informationen in Texten kann es hilfreich sein, die Informationen in eine **Tabelle** einzutragen.
Manchmal ist es hilfreich, eine **Skizze** der Situation anzufertigen und mit den Informationen zu **beschriften**.

1 In der Schulaula findet ein Schülerkonzert statt. In den ersten zehn Reihen stehen jeweils 26 Stühle. Der Platz kostet 6,50 €. Die Reihen 11–15 sind mit je 36 Stühlen bestuhlt. Dort kostet eine Karte 5,50 €. In den letzten fünf Reihen stehen jeweils 40 Stühle. Jeder Platz kostet dort 5 €. Zu Beginn des Konzerts sind noch je drei Karten aus Reihe 7 und 12 übrig. Von der letzten Reihe sind sieben Karten noch nicht verkauft. Wie viel Geld ist in der Kasse?

	1. – 10. Reihe	11. – 15. Reihe	16. – 20. Reihe
Preis pro Platz			
Anzahl der Sitzplätze			
Anzahl der unbesetzten Plätze			
Einnahmen			
Gesamt			

Ergebnis: ______________________________

2 In der Mensa „Leckerbissen“ gibt es reichlich Auswahl.

a) Am Montag wählen 15 Schüler Eintopf mit Dessert, 19 Schüler das Tagesessen und Salat, 15 Schüler das Tagesessen, acht Schüler Suppe mit Biogericht, 42 Schüler Pizza, davon 15 mit Salat, 33 Schüler Suppe und Auflauf.
Ergänze die Preistafel so, dass sich die Gesamteinnahmen geschickt berechnen lassen. Wie viel gibt ein Schüler durchschnittlich aus?

b) Am Dienstag wird in der Mensa doppelt so viel Salat gekauft wie am Montag. Außerdem wird 22-mal Eintopf, 23-mal Tagesessen, 5-mal Biogericht mit Suppe, 29-mal Pizza und 15-mal Auflauf gewählt.
Um wie viel unterscheiden sich die beiden Tageseinnahmen?

Heute aktuell:

Eintopf	1,20 €
Tagesessen	1,70 €
Biogericht	2,20 €
Suppe	0,40 €
Salat	0,60 €
Dessert	0,50 €
Pizza	2,50 €
Auflauf	2,80 €

Ergebnis: ______________________________

3 Die Klasse 5a betreibt zusammen mit ihren Eltern einen Stand am Weihnachtsmarkt. Es werden Pizzastücke zu 1,20 € und Kinderpunsch zu 0,50 € verkauft. Alle Zutaten werden von den Eltern gespendet. Die Schüler backen zusammen mit den Eltern die Pizzastücke. Sie werden beim Verkauf in eine Serviette gelegt. Der Punsch wird in Bechern verkauft, die zurückgegeben werden und im Spülmobil gespült werden. Am Abend muss der Stand gereinigt werden.
Die Klasse verkauft im Laufe des Tages 245 Pizzastücke und 360 Becher Punsch. Sie haben 15 Packungen Servietten zu je 80 Cent gekauft und verbraucht. Für Putzmittel wurde 10,80 € ausgegeben. Die Marktleitung berechnet für den Strom eine Pauschale von 3 € und für die Benutzung des Spülmobils jeweils 2 €. Dies wurde 8-mal in Anspruch genommen. Welchen Gewinn hat die Klasse erzielt?

Ergänze passende Stichworte bzw. die zugehörige Rechnung.

Stichworte	Rechnung
	$245 \cdot 1{,}20\,€ + 360 \cdot 0{,}50\,€$
Kosten für die Servietten und Putzmittel	
	$8 \cdot 2\,€ + 3\,€$
Gewinn	

4 Vor ihrem Geburtstag spart Svenja besonders eifrig. Vom Taschengeld kommen 8,60 € in die Spardose. Dreimal geht sie bei den Nachbarn Babysitten und erhält dafür jeweils 4,50 €. Zum Geburtstag erhält sie von ihrer Tante 10 € und von ihrer Oma 20 €. Am nächsten Tag geht sie gemütlich zum Einkaufen. Ihre Mutter gibt ihr dafür noch 8,50 € mit. Die Busfahrkarte kostet 3,40 €. Sie kauft einen Schal zu 6,99 €, ein T-Shirt zu 18,90 € und vier Kerzen zu je 2,70 €. Am Abend kommt das restliche Geld in die Spardose. Wie viel Geld ist dann in der Dose?

5 Max plant eine Wanderung. Entscheidend für ihn ist, wie viele Meter er jeweils bergauf bzw. bergab gehen muss. Auf einer Karte kann er folgendes ablesen:
Ich starte in Feldhausen auf einer Höhe von 1245 m. Von dort aus geht's 385 m bergauf zur Berghütte Almrausch. Ein Grat führt 80 m leicht bergab zum Ausssichtsplateau „Schöne Aussicht". Von dort aus geht es auf einen Berggipfel auf 2134 m. Ein steiler Abstieg führt in das 890 m tiefer liegende Dorf Bergbach. Dort ist die Übernachtungsmöglichkeit für Max. Wie viele Meter muss Max bergauf gehen? Auf welcher Höhe liegt Bergbach?

6 Der Schulranzen von Moritz wiegt leer $1\frac{1}{4}$ kg. Am Montag braucht er den Atlas, er wiegt $\frac{1}{2}$ kg, das Englischbuch mit 680 g, das Mathematikbuch mit 650 g und drei Hefte mit je 125 g. Sein gepackter Schulranzen sollt nicht mehr als 4 kg wiegen. Wie viel darf sein Pausenbrot mit Getränk noch wiegen?

8 Rechnen mit Hilfsmitteln

Im Kopf kann man rechnen:
- Aufgaben mit einfachen Zahlen, wie z.B. 10, 100, ...,
- Überschlagsrechnungen,
- Aufgaben, deren genaues Ergebnis nicht von Interesse ist.

Den Taschenrechner verwendet man, wenn
- die Rechnung sehr lang ist,
- die Rechnung schwierig ist.

1 Rechne im Kopf.

a) $621 \cdot 100$ = ______ b) $621 \cdot 10\,000$ = ______

c) $517 \cdot 1000$ = ______ d) $517 \cdot 20\,000$ = ______

e) $(52 + 18) \cdot 6$ = ______ f) $15 \cdot (721 - 521)$ = ______

TIPP
Das weißt du noch
Mal 10
„Eine Null anhängen"
Mal 100
„Zwei Nullen anhängen"

2 Führe zuerst eine Überschlagsrechnung im Kopf durch.
Berechne anschließend mit dem Taschenrechner. Vergleiche beide Ergebnisse.

a) $71\,058 + 5924$ Überschlag: ______ Ergebnis: ______

b) $71\,058 - 5924$ Überschlag: ______ Ergebnis: ______

c) $71\,058 \cdot 5924$ Überschlag: ______ Ergebnis: ______

d) $448\,208 : 872$ Überschlag: ______ Ergebnis: ______

3 Forsche mit deinem Taschenrechner: $11 \cdot 1$; $111 \cdot 11$; $1111 \cdot 111$
Setze die Rechnungen fort. Was fällt dir auf?

4 Frau Maier führt ein Haushaltsbuch, in dem sie alle Einnahmen und Ausgaben notiert. Im April liegen am Ende der ersten Woche folgende Notizen und Kassenzettel auf ihrem Schreibtisch:

Guthaben: 3257,78 € | Getränke: 56,20 € | Lebensmittel: 58,99 € | Zeitungen: 5,70 €

T-Shirt: 25,90 € | Sonstige Einkünfte: 200 € | Pfandrückgeld: 6,80 € | Pulli: 98,59 €

Wie viel Geld steht ihr für den Rest des Monats noch zur Verfügung?

Test Nr. 1

Schreibe die Lösung in das dunkle Feld. Kontrolliere anschließend deine Lösungen.
Schreibe ein „r“, wenn du die Aufgabe richtig gelöst hast.
Schreibe ein „f“, wenn du die Aufgabe falsch gelöst hast.

		r/f
1 Trage die Lösungen ein. a) $(12 \cdot 3 + 7 \cdot 2 - 5 \cdot 5) \cdot 4$ b) $12 + (3 + 7 \cdot 2 + 5 \cdot 5) \cdot 4$ c) $((12 \cdot 3 + 7) \cdot 2 - 5 \cdot 5) \cdot 4$ d) $12 \cdot 3 + 7 \cdot 2 + 5 \cdot 5 \cdot 4$	a) ______ b) ______ c) ______ d) ______	______ ______
2 Was gehört in die freien Kästchen? a) $6381 + 2517 =$ ☐ b) $4012 + 1588 =$ ☐ c) $6381 - 2517 =$ ☐ d) $4012 - 1588 =$ ☐ e) $578 \cdot 215 =$ ☐ f) $1207 \cdot 509 =$ ☐ g) $987 : 21 =$ ☐ h) $1879 : 103 =$ ☐	a) ______ b) ______ c) ______ d) ______ e) ______ f) ______ g) ______ h) ______	______ ______ ______ ______
3 Ergeben die beiden Rechnungen dasselbe? a) $2\frac{1}{4}$ m + $2\frac{3}{4}$ m 7699 mm − 1231 mm − 1468 mm b) $6\frac{1}{2}$ kg − $1\frac{1}{4}$ kg 1257 g + 2541 g + 1462 g c) $2\frac{1}{4}$ h + $5\frac{1}{2}$ h 5821 min − 5366 min	a) ☐ ja ☐ nein b) ☐ ja ☐ nein c) ☐ ja ☐ nein	______ ______ ______
4 a) Multipliziere die Differenz aus 57 und 38 mit dem Quotienten aus 55 und 11; subtrahiere davon 95. b) Addiere zur Summe aus 57 und 38 die Differenz aus 55 und 11 und subtrahiere davon 95. c) Subtrahiere von der Summe aus 57 und 38 die Differenz von 55 und 11 und multipliziere das Ergebnis mit 95.	a) ______________ b) ______________ c) ______________	______ ______ ______
5 Maren belädt im Kaufhaus ihren Einkaufswagen mit 2,5 kg Äpfel (Kilopreis 1,99 €)), 3 Stück Butter (250 g zu 1,49 €), 2 kg Orangen (2-kg-Netz zu 1,29 €), 170-g-Dose Kartoffelchips zu 1,19 €, 1 Stück Weichkäse (200-g-Packung zu 2,39 €), 1 Frischkäse (200-g-Packung zu 0,66 €), 150 g Kalbsleberwurst (100 g zu 0,79 €). Wie schwer ist die eingekaufte Ware? Wie viel Rückgeld erhält sie, wenn sie mit einem 50 €-Schein bezahlt?	Gewicht ______________ Rückgeld ______________	______ ______

Test Nr. 2

Schreibe die Lösung in das dunkle Feld. Kontrolliere anschließend deine Lösungen.
Schreibe ein „r", wenn du die Aufgabe richtig gelöst hast.
Schreibe ein „f", wenn du die Aufgabe falsch gelöst hast.

		r/f
1 Berechne. a) 26107 + 79357 b) 8979 + 200999 + 257	a) ______ b) ______	______
c) 5110 − 2091 d) 1100100 − 67809	c) ______ d) ______	______
2 a) 952·45 b) 5020·662	a) ______ b) ______	______
c) 663:17 d) 4864:19	c) ______ d) ______	______
3 a) 2 t 123 kg + 12 t 60 kg	a) ______	______
b) 523 km 230 m − 230 km 60 m	b) ______	______
4 a) Wie viel muss man zu 2961 addieren, um 6587 zu erhalten?	a) ______	______
b) Mit welcher Zahl muss man 25 multiplizieren, um 1675 zu erhalten?	b) ______	______
5 Bei diesen Aufgaben fehlen einige Ziffern.	*: ______ ?: ______	______
6 8 * + 7 ? 9 = 1 § 8 7 8 ~ 5 − 4 2 # = ◊ 0 8	§: ______ ~: ______	______
	#: ______ ◊: ______	______
6 a) In der Rechnung 21 + 21 + … + 21 wird die Zahl 21 insgesamt 43-mal addiert. Welches Ergebnis erhält man?	a) ______	______
b) In der Rechnung 100 000 − 91 − 91 − … − 91 wird die Zahl 91 insgesamt 19-mal von der Zahl 100 000 subtrahiert. Welches Ergebnis erhält man?	b) ______	______
7 a) Welcher Rest bleibt bei der Division 897:28?	a) ______	______
b) Welche Ziffer kann man für # schreiben, damit die Division 37#:4 den Rest 0 hat?	b) ______	______
8 Ein Lastwagen hat 850 kg Zuladung. Er wird nacheinander mit Waren beladen zu 195 kg, 3-mal je 36 kg, 325 kg und 0,5 t. Ist er überladen?	☐ ja ☐ nein	______

IV Flächen

1 Welche Fläche ist größer?

Den Flächeninhalt zweier Figuren kann man vergleichen, indem man eine Figur zerschneidet und mit diesen Teilen versucht, die andere Figur zusammenzusetzen.
Die beiden Figuren in Abb.1 sind gleich groß,

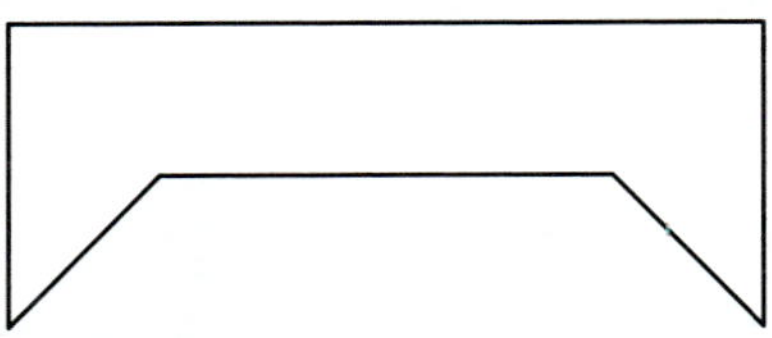
Abb. 1
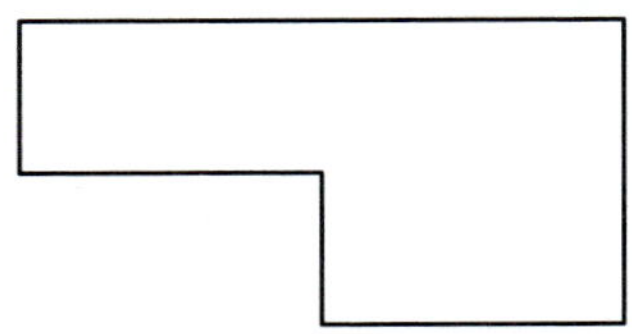

weil man die erste Figur so zerschneiden kann, dass man damit die zweite Figur zusammensetzen kann (Abb.2).

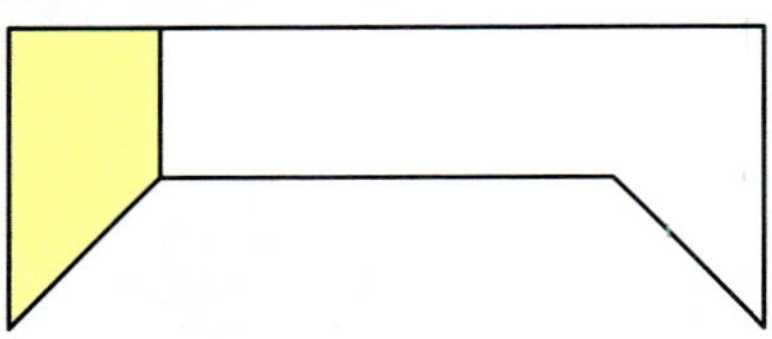
Abb. 2
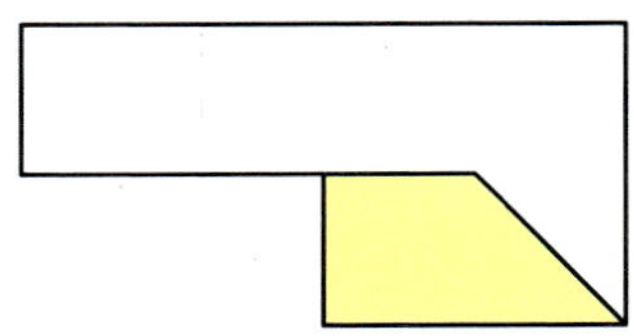

1 Überprüfe, ob die beiden Figuren gleich groß sind. Zeichne ein, wie du vorgegangen bist.

a)
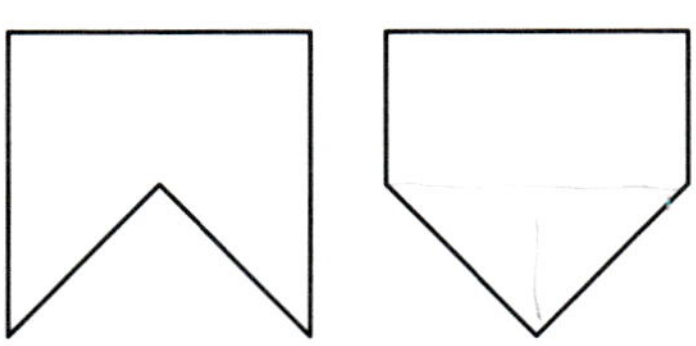

Gleich groß? ☒ ja ☐ nein

b)
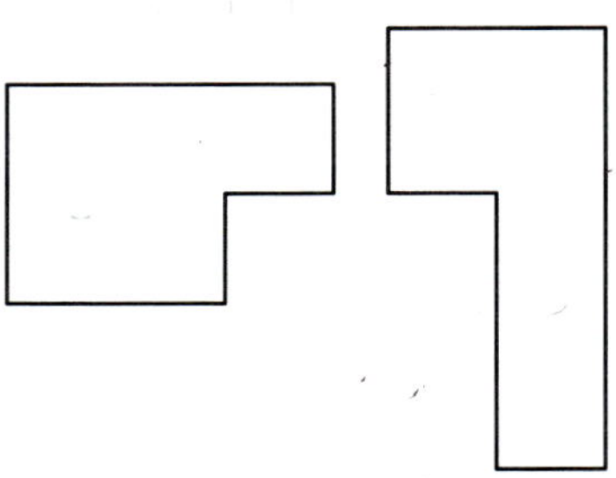

Gleich groß? ☐ ja ☒ nein

c)
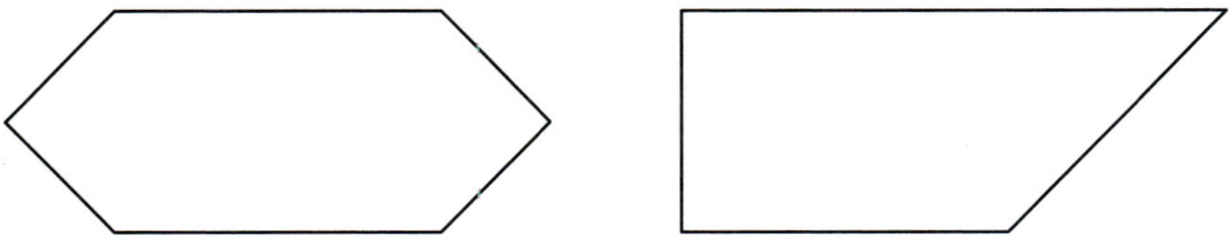

Gleich groß? ☐ ja ☒ nein

2 Welche der Figuren sind gleich groß wie das Rechteck A?

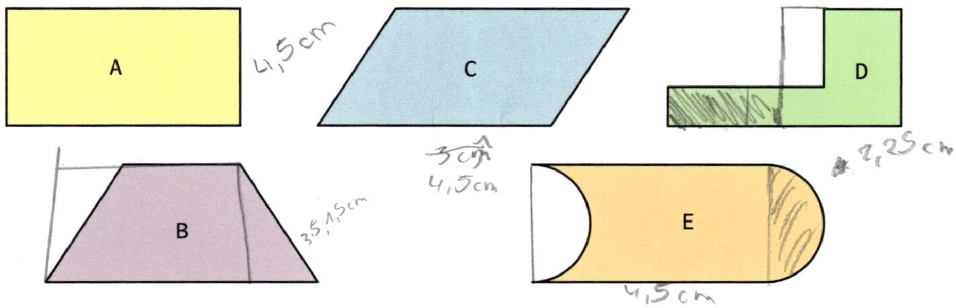

Gleich groß wie das Rechteck A sind die Figuren C, E

Den Flächeninhalt zweier Figuren kann man auch vergleichen, indem man die beiden Figuren mit gleichen Plättchen (z.B. Quadraten oder Dreiecken) auslegt.
Die zweite Figur hat einen größeren Flächeninhalt als die erste,

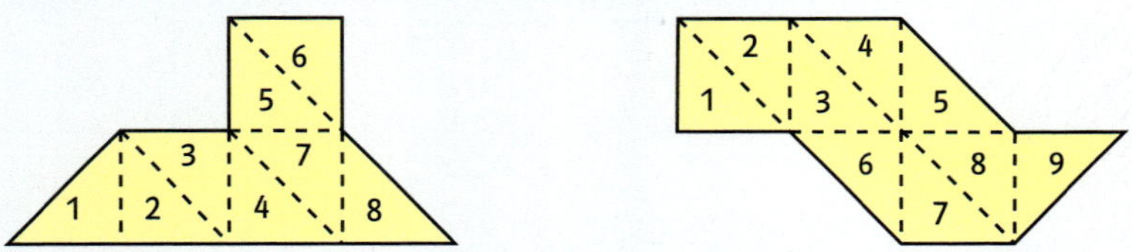

da man die zweite Figur mit neun gleichen Dreiecken, die erste aber mit nur acht solcher Dreiecke auslegen kann.

3 Sind die beiden Figuren gleich groß? Prüfe durch Auslegen.

a)

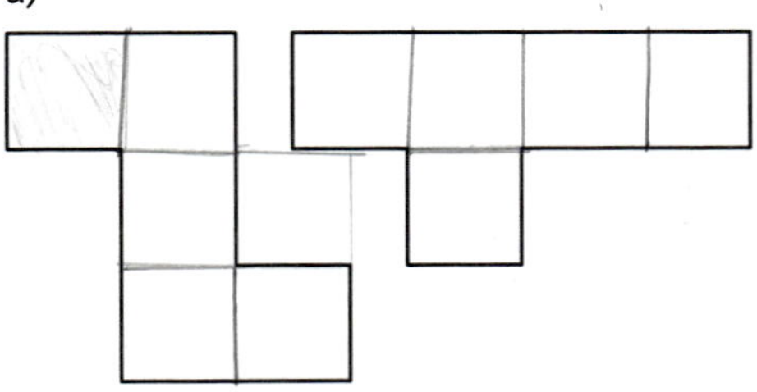

☒ ja ☐ nein , weil ich kästchen gelegt habe

b)

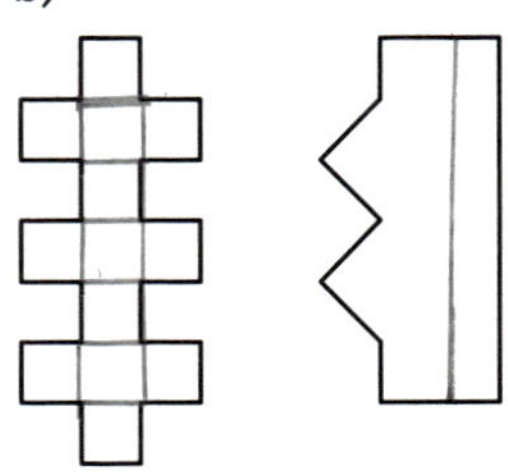

☐ ja ☒ nein, weil der Fläschen-inhalt anders ist!

4 Zeichne ein Rechteck, ein Dreieck und ein Parallelogramm, das jeweils 12-mal so groß ist wie ein Kästchen.

5 Zeichne ein Rechteck, das gleich groß ist wie das Achteck.

6 Wie viele Quadrate der Seitenlänge 0,5 cm braucht man mindestens, um die Figur zu einem Quadrat zu ergänzen?

a)

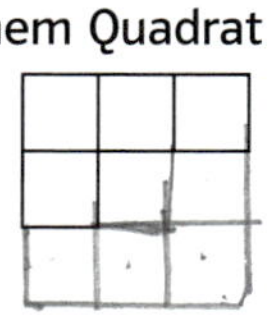

Anzahl 4

b)

Anzahl: 10

7 Wie groß ist die Figur?

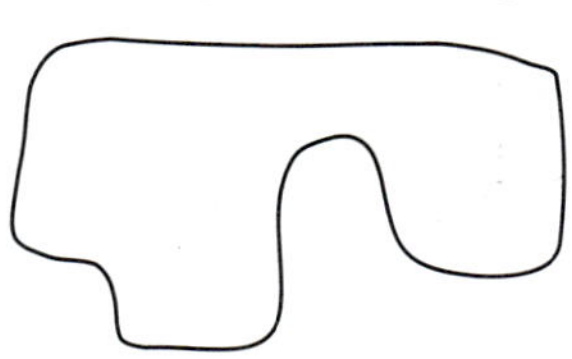

TIPP
Flächen mit krummen Linien als Rand kann man vergleichen, indem man ein Quadratgitter darüber legt. So lässt sich deren Größe ungefähr bestimmen.

Die Figur ist ungefähr so groß wie 21 Quadrate mit der Seitenlänge 0,5 cm.

2 Flächeneinheiten

Ein Quadrat mit der Seitenlänge 1 mm hat den Flächeninhalt 1 mm^2 (ein Quadratmillimeter).
Der Umrechnungsfaktor zur nächstgrößeren Einheit beträgt 100.

100 mm^2	**= 1 cm^2**	**(Quadratzentimeter)**	**100 cm^2**	**= 1 dm^2**	**(Quadratdezimeter)**
100 dm^2	**= 1 m^2**	**(Quadratmeter)**	**100 m^2**	**= 1 a**	**(Ar)**
100 a	**= 1 ha**	**(Hektar)**	**100 ha**	**= 1 km^2**	**(Quadratkilometer)**

Daher gilt: 14 cm^2 = 1400 mm^2; 8 ha = 800 a = 80 000 m^2
5 km^2 23 ha = 523 ha; 5 m^2 8 dm^2 = 508 dm^2

1 Schreibe in der nächstkleineren Einheit.

a) 13 m^2 = 1300 dm^2 b) 5 cm^2 = 500 mm^2 c) 83 ha = 8300 a
d) 8 km^2 = 800 ha e) 101 dm^2 = 10100 cm^2 f) 80 a = 8000 m^2

2 Ergänze.

a) 13 a = 1300 m^2 b) 5 cm^2 = 500 mm^2 c) 500 m^2 = 5 dm^2
d) 2 ha = 20000 m^2 e) 10 ha = 1000 a f) 17 cm^2 = 1700 dm^2
g) 230 m^2 = 23 000 dm^2 h) 20 000 m^2 = 2 mm^2 i) 2000 m^2 = 200000 a

3 Schreibe in der kleinsten der Einheiten.

a) 5 m^2 17 dm^2 = 517dm b) 3 ha 30 a = 330 a
c) 3 ha 3 a = 303 a d) 8 cm^2 80 mm^2 = 880 m^2
e) 80 cm^2 8 mm^2 = 808 mm^2 f) 80 cm^2 80 mm^2 = 8080 mm^2
g) 2 m^2 80 dm^2 = 280 dm^2 h) 2 m^2 80 cm^2 = 280 cm^2
i) 1 km^2 90 a = 10090 k) 1 km^2 9 a = 109 a
l) 3 ha 51 a 20 m^2 = 35120 m^2 m) 3 m^2 5 dm^2 3 cm^2 = 353 cm^2

4 Setze eines der Zeichen <, > oder = ein.

a) 5 m^2 > 50 dm^2 b) 20 ha = 2000 a c) 5 ha 50 a < 50 ha 5 a
d) 3 km^2 < 3000 a e) 5 m^2 30 dm^2 = 530 dm^2 f) 3 ha 5 m^2 < 3 ha 5 a

5 Ein Quadrat hat den Flächeninhalt 1a. Kreuze alle Aussagen an, die auf dieses Quadrat zutreffen.

- a) Das Quadrat hat die Seitenlänge 10 m. ☒
- b) Das Quadrat kann man in zehn Quadrate mit der Seitenlänge 1 m zerlegen. ☒
- c) Hundert solche Quadrate haben zusammen den Flächeninhalt 1 ha. ☐
- d) Tausend solcher Quadrate haben zusammen den Flächeninhalt 1 km^2. ☐
- e) Das Quadrat hat die Seitenlänge 1000 cm. ☒

Mit Flächenangaben kann man rechnen.
Man muss dazu alle Angaben auf die gleiche Flächeneinheit umrechnen.

$5\,m^2 + 25\,dm^2 = 500\,dm^2 + 25\,dm^2 = 525\,dm^2 = 5\,m^2\;25\,dm^2$
$2\,ha - 8\,a = 200\,a - 8\,a = 192\,a = 1\,ha\;92\,a$
$8\,km^2\;50\,ha - 95\,ha = 850\,ha - 95\,ha = 755\,ha = 7\,ha\;55\,a$
$5 \cdot 80\,a - 250\,m^2 = 400\,a - 250\,m^2 = 40\,000\,m^2 - 250\,m^2 = 39\,750\,m^2 = 397\,a\;50\,m^2$

6 Berechne.

a) $48\,a + 52\,a$ = 100a
b) $48\,a + 52\,m^2$ = ____
c) $48\,km^2 - 20\,ha$ = 4980ha
d) $48\,km^2 - 200\,ha$ = ____
e) $5 \cdot 25\,dm^2$ = 125dm²
f) $80\,ha : 16$ = ____
g) $8\,ha : 16$ = ____
h) $2\,m^2 : 4$ = ____
i) $1\,ha - 3 \cdot 15\,a$ = ____
j) $6\,m^2 : 5 - 20\,dm^2$ = ____
k) $8 \cdot 25\,mm^2 + 8\,cm^2$ = ____
l) $(5\,a - 48\,m^2) : 2$ = ____

7 Ergänze.

a) Von 60 dm^2 fehlt bis zu 1 m^2: 40 dm
b) Von 2 m^2 fehlt bis zu 1 a: 88m
c) Von 28 ha fehlt bis zu 1 km^2: 72 ha
d) Von 24 m^2 45 dm^2 fehlt bis zu 1 a: 71500 dm
e) 314 m^2 übersteigt 1 a um: 686 m

8 Berechne.

a) $5\,a\ 60\,m^2 + 90\,m^2 =$ ____________________

b) $3\,cm^2\ 5\,mm^2 - 1\,cm^2\ 25\,mm^2 =$ ____________________

c) $(12\,ha\ 20\,m^2) \cdot 5 =$ ____________________

d) $(18\,a\ 20\,m^2) : 20 =$ ____________________

9 Verbinde jede Aufgabenkarte der ersten Spalte mit derjenigen der zweiten Spalte, die das gleiche Rechenergebnis hat.

$220\,m^2 - 80\,m^2$	$80\,m^2 \cdot 200$
$1\,ha : 10$	$(2\,a\ 80\,m^2) : 2$
$2\,ha\ 5\,a - 45\,a$	$12\,a\ 40\,m^2 + 7\,a\ 60\,m^2$
$3\,ha\ 5\,a - 2\,ha\ 85\,a$	$80\,m^2 + 45\,m^2$
$2\,a - 75\,m^2$	$8\,a + 200\,m^2$

10 Das 4 ha 50 a große Baugebiet „Sonnenhalde" wird in 90 gleich große Bauplätze aufgeteilt.
Wie groß wird dabei ein Bauplatz?

____

____

11 Für ein neues Parkgelände stehen 3 ha Fläche zur Verfügung. Für Wege werden $800\,m^2$ eingeplant. Außerdem sollten sechs Blumenbeete mit jeweils $2\,a\ 20\,m^2$ angelegt werden. Der Rest ist als Rasen geplant.
Wie groß wird die Rasenfläche?

____

____

____

____

3 Flächeninhalt eines Rechtecks

Den Flächeninhalt eines Rechtecks kann man berechnen, wenn man seine beiden Seitenlängen kennt. Es gilt: Flächeninhalt = Länge mal Breite.
Manchmal muss man diese vorher in gleiche Längeneinheiten umrechnen.

Ein Rechteck mit den Seitenlängen 5cm und 7cm hat den Flächeninhalt

$$5 \cdot 7\,\text{cm}^2 = 35\,\text{cm}^2\,.$$

Flächeninhalt eines Rechtecks mit den Seitenlängen 1,8 m und 45 cm:

$$180 \cdot 45\,\text{cm}^2 = 8100\,\text{cm}^2 = 81\,\text{dm}^2.$$

1 Berechne den Flächeninhalt des Rechtecks mit den angegebenen Seitenlängen.

a) 6 m und 3 m. Flächeninhalt: ____________________

b) 4 cm und 5 mm. Flächeninhalt: ____________________

c) 2,5 cm und 4 mm. Flächeninhalt: ____________________

d) 6 dm und 6 cm. Flächeninhalt: ____________________

e) 2 km und 500 m. Flächeninhalt: ____________________

f) 2,4 m und 3,5 m. Flächeninhalt: ____________________

2 Miss die Seitenlängen des Rechtecks und berechne seinen Flächeninhalt.

a)

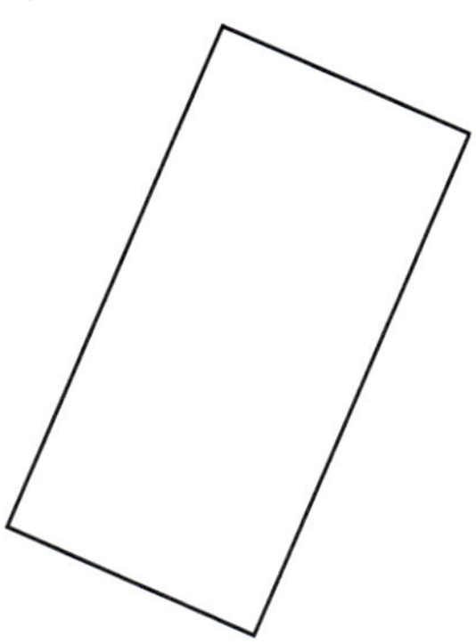

b)

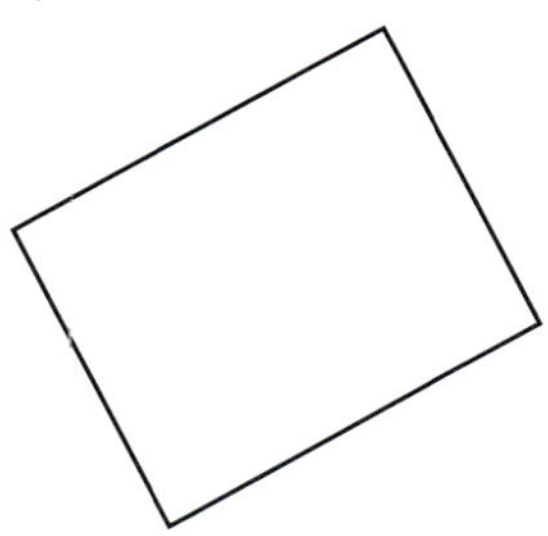

c)

a) Flächeninhalt: __________ b) Flächeninhalt: __________ c) Flächeninhalt: __________

3 Ein Zimmer ist 6 m lang, 4 m breit und 2,5 m hoch.

a) Berechne den Flächeninhalt des Zimmerbodens.

b) Welchen Flächeninhalt haben alle Wände des Zimmers zusammen?

4 Gib drei verschiedene Rechtecke an mit dem vorgegebenen Flächeninhalt.

	a)	b)	c)	d)	e)
Flächeninhalt	$24\,m^2$	30 a	20 ha	$15\,cm^2$	$7\,dm^2$
1. Länge					
1. Breite					
2. Länge					
2. Breite					
3. Länge					
3. Breite					

Kennt man den Flächeninhalt eines Rechtecks und eine seiner Seitenlängen, so kann man die andere Seitenlänge berechnen.

Ein Rechteck hat den Flächeninhalt $350\,cm^2$ und ist 25 cm lang.
Dann gilt für seine Breite: (350 : 25) cm = 14 cm.

5 Berechne die fehlende Seitenlänge.

	a)	b)	c)	d)	e)
Flächeninhalt	$16\,m^2$	$350\,mm^2$	8 a	$14\,km^2$	154 a
Länge	8 m			3500 m	28 m
Breite		5 mm	16 m		

6 Eine rechteckige Wiese ist 25 m breit und hat den Flächeninhalt 20 a.

a) Berechne die Länge der Wiese.

____

b) Um einen Weg anzulegen, muss die Wiese um 5 m schmaler gemacht werden. Um wie viele Meter muss man die Wiese verlängern, wenn ihr Flächeninhalt gleich groß bleiben soll?

____

7 Ein Rechteck hat die Seitenlängen 4 cm und 9 cm. Welche Seitenlänge hat ein Quadrat mit dem selben Flächeninhalt?

____

Den Flächeninhalt vieler Figuren kann man berechnen, indem man sie in Rechtecke zerlegt.

Die Figur kann man in drei Rechtecke zerlegen.

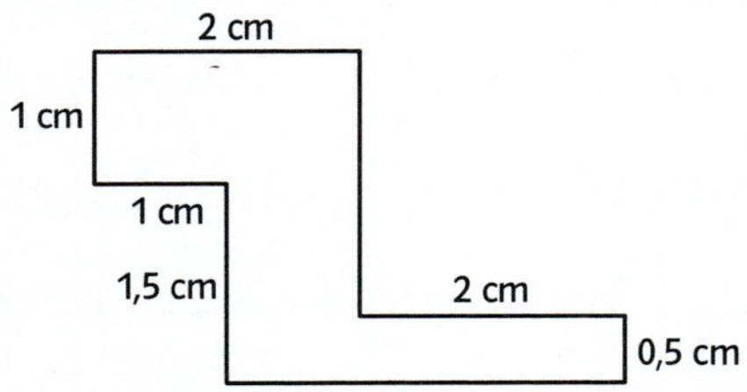

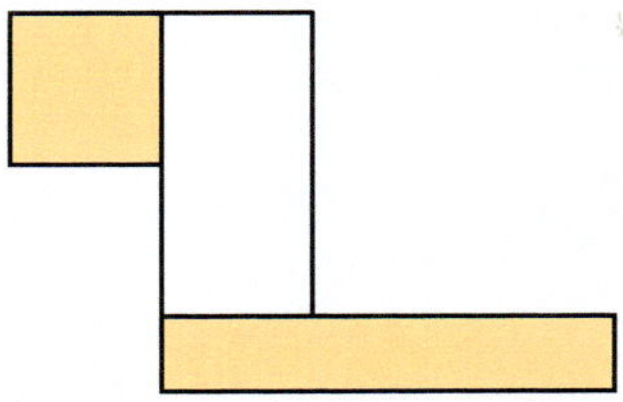

Ihr Flächeninhalt ist daher $10 \cdot 10\,\text{mm}^2 + 20 \cdot 10\,\text{mm}^2 + 5 \cdot 30\,\text{mm}^2 = 450\,\text{mm}^2$.

8 Berechne den Flächeninhalt. Zeichne ein, wie du die Figur zerlegt hast.

a)

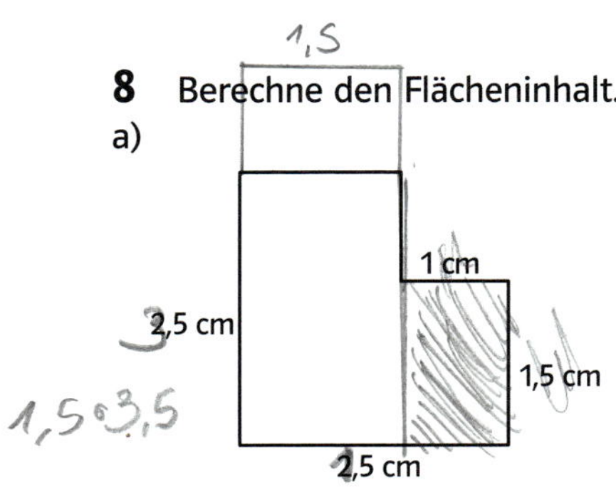

Flächeninhalt: 5 cm²

b)

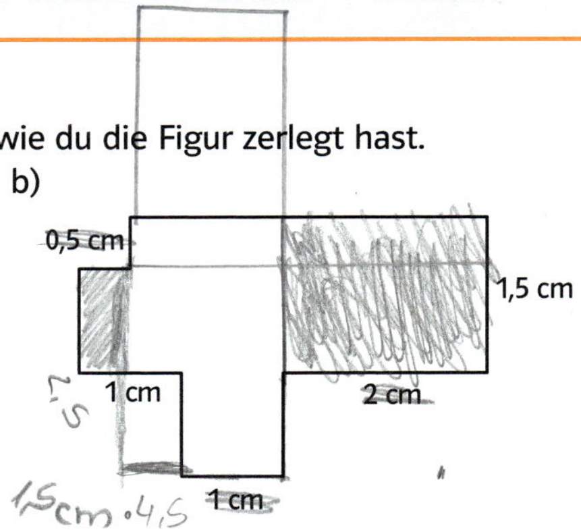

Flächeninhalt: 6,5 cm

9 Zerlege die Figur in Rechtecke, miss die benötigten Streckenlängen und berechne den Flächeninhalt der Figur.

a)

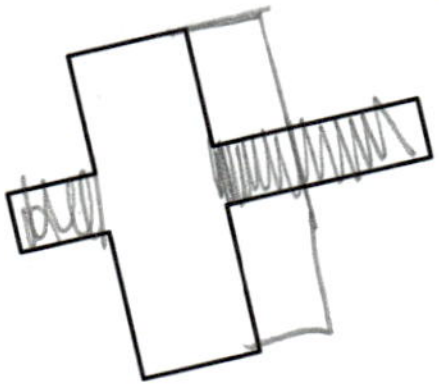

Flächeninhalt: ______________________

____

b)

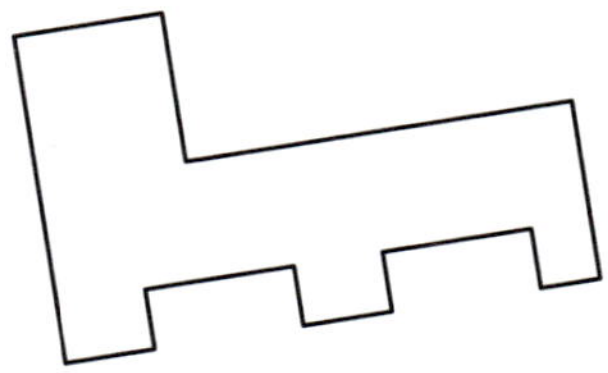

Flächeninhalt: ______________________

____

10 Die Figur hat den Flächeninhalt $36\,m^2$. Berechne die Länge der rot eingezeichneten Seite.

a)

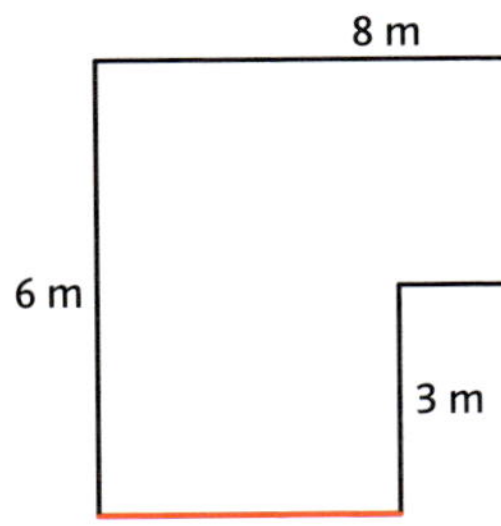

____

____

____

b)

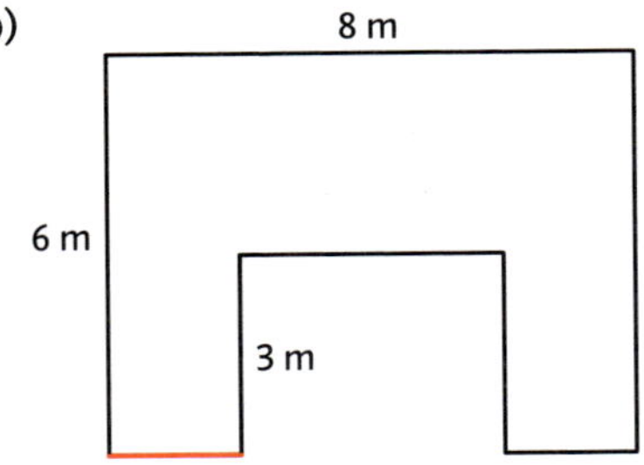

____

____

____

____

11 Bestimme näherungsweise den Flächeninhalt der Figur.

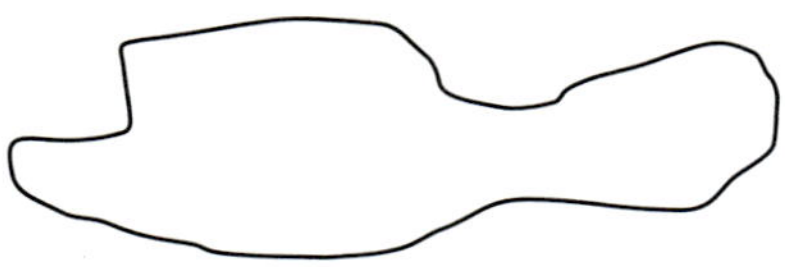

Flächeninhalt: ______________________

____

TIPP

Den Flächeninhalt von Figuren mit krummen Linien als Rand kann man näherungsweise bestimmen, indem man ein Rechteck zeichnet, das ungefähr den gleichen Flächeninhalt hat wie die Figur, und dessen Flächeninhalt bestimmt.

4 Flächeninhalt eines Parallelogramms und eines Dreiecks

Den Flächeninhalt eines Parallelogramms kann man berechnen, wenn man die Länge einer Seite und die Länge der zugehörigen Höhe kennt.
Es gilt: Flächeninhalt = Grundseite mal Höhe.
Manchmal muss man diese vorher in gleiche Längeneinheiten umrechnen.

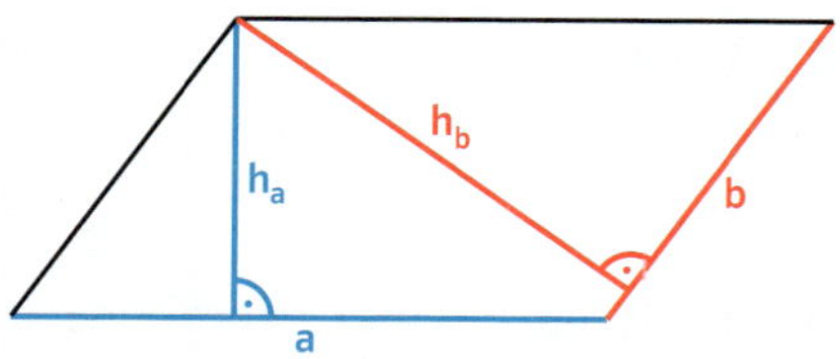

Den Flächeninhalt des nebenstehenden Parallelogramms kann man auf zwei Weisen bestimmen:

1. Möglichkeit:
   Gemessen: Grundseite a = 4 cm; zugehörige Höhe h_a = 2 cm
   Flächeninhalt: $4 \cdot 2\,cm^2 = 8\,cm^2$

2. Möglichkeit:
   Gemessen: Grundseite b = 2,5 cm; zugehörige Höhe h_b = 3,2 cm
   Flächeninhalt: $25 \cdot 32\,mm^2 = 800\,mm^2 = 8\,cm^2$

1 Berechne den Flächeninhalt des Parallelogramms.

a) Grundseite 6 m; zugehörige Höhe 3 m. Flächeninhalt: ____________

b) Grundseite 8 cm; zugehörige Höhe 12 mm. Flächeninhalt: ____________

c) Grundseite 2,5 m; zugehörige Höhe 60 cm. Flächeninhalt: ____________

2 Bestimme den Flächeninhalt. Zeichne dazu die benötigten Strecken ein und miss ihre Längen.

a)

gemessen: ____________

Flächeninhalt: ____________

b)

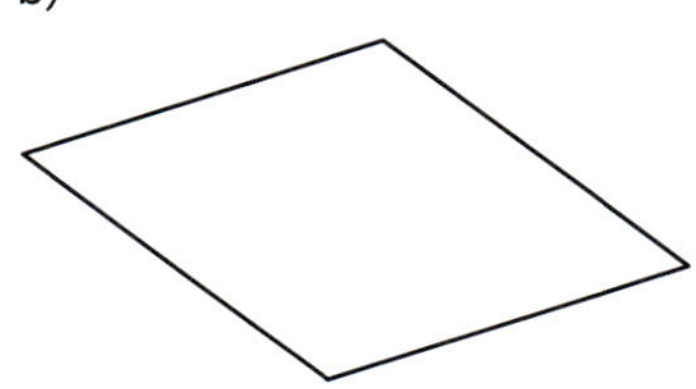

gemessen: ____________

Flächeninhalt: ____________

3 Trage in das Koordinatensystem die Punkte A(0|1), B(4|1), C(6|4), D(2|4), E(3|4), F(7|4), G(6|0) und H(9|3) ein. Zeichne dann die Parallelogramme ABCD, ABFE und BGHF in verschiedenen Farben ein.
Berechne jeweils den Flächeninhalt.

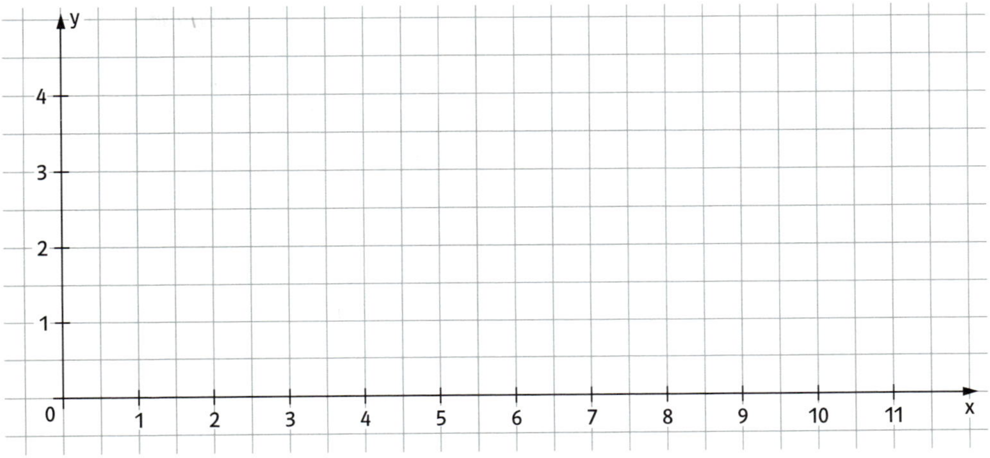

Flächeninhalt des Parallelogramms ABCD: ____________________

Flächeninhalt des Parallelogramms ABFE: ____________________

Flächeninhalt des Parallelogramms BGHF: ____________________

4 Zur Bestimmung des Flächeninhalts eines Parallelogramms muss man die Längen zweier Strecken messen.
Welche sind das?

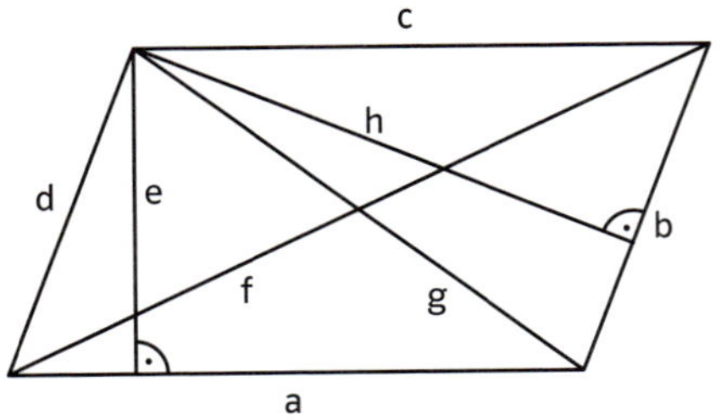

Man muss messen:

a und ____ oder

c und ____ oder

____ und ____ oder

____ und ____ .

5 Ein Parallelogramm hat den Flächeninhalt 12 cm².
a) Die Seite a ist 4 cm lang. Berechne die Länge der zugehörigen Höhe h_a.

____

b) Die Höhe h_b beträgt 2,5 cm. Berechne die Länge der Seite b.

____

6 Richtig oder falsch? Kreuze an.

Wenn man bei einem Parallelogramm …	richtig	falsch
a) … eine Seite und die zugehörige Höhe verdoppelt, so wird sein Flächeninhalt doppelt so groß.	☐	☐
b) … eine Seite verdoppelt und die zugehörige Höhe halbiert, so bleibt sein Flächeninhalt gleich groß.	☐	☐
c) … eine Seite und die zugehörige Höhe verdreifacht, so wird der Flächeninhalt sechs mal so groß.	☐	☐
d) … eine Seite und die zugehörige Höhe halbiert, so wird der Flächeninhalt ein Viertel man so groß.	☐	☐

Den Flächeninhalt eines Dreiecks kann man berechnen, wenn man die Länge einer Seite und die Länge der zugehörigen Höhe kennt.
Es gilt: Flächeninhalt = (Grundseite mal Höhe) : 2.

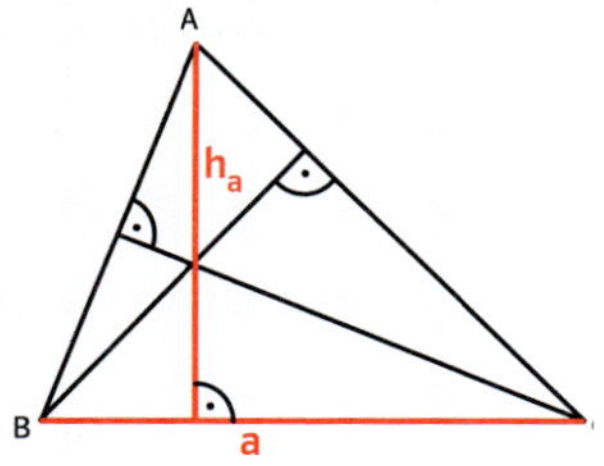

Den Flächeninhalt des nebenstehenden Dreieck kann man auf drei Weisen bestimmen.

Eine der drei Möglichkeiten:
Gemessen: Grundseite a = 3,6 cm; zugehörige Höhe h_a = 2,5 cm
Flächeninhalt: $(36 \cdot 25\,mm^2) : 2 = 450\,mm^2$

7 Berechne den Flächeninhalt des Dreiecks.

a) Grundseite 6 cm; zugehörige Höhe 3 cm. Flächeninhalt: ____________

b) Grundseite 5,0 cm; zugehörige Höhe 36 mm. Flächeninhalt: ____________

c) Grundseite 12,5 m; zugehörige Höhe 48 cm. Flächeninhalt: ____________

8 Bestimme den Flächeninhalt. Zeichne dazu die benötigten Strecken ein und miss ihre Längen.

a)

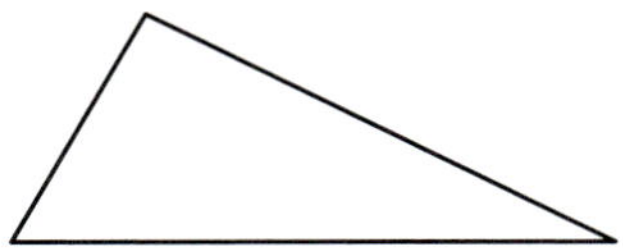

gemessen: ______________________

Flächeninhalt: ______________________

b)

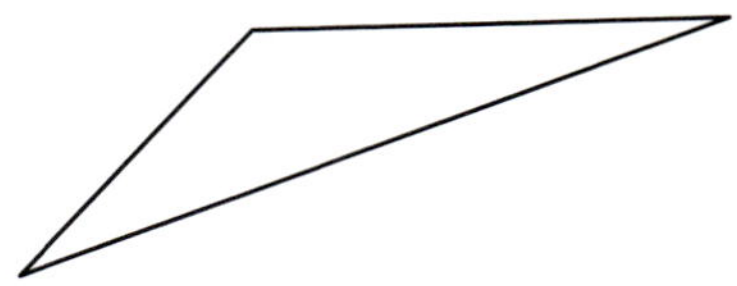

gemessen: ______________________

Flächeninhalt: ______________________

9 Bestimme den Flächeninhalt.

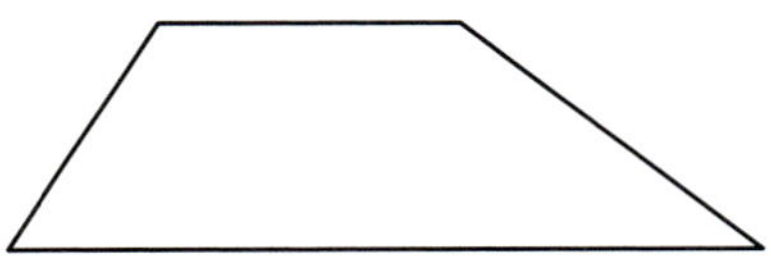

TIPP

Man kann jedes Vieleck in solche Figuren zerlegen, von denen bekannt ist, wie man ihren Flächeninhalt berechnet.

Flächeninhalt: ____

10 Zeichne das Fünfeck ABCDE mit A(0 | 0), B(4 | 0), C(5 | 3), D(4 | 5), E(1 | 3) in das Koordinatensystem ein. Berechne den Flächeninhalt des Fünfecks.

____

____

____

____

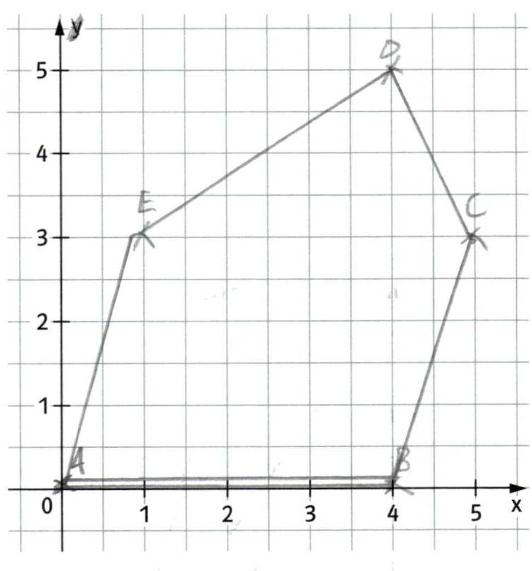

5 Umfang einer Fläche

Den Umfang einer Figur kann man berechnen, wenn man alle ihre Seitenlängen kennt: Umfang = Summe aller Seitenlängen.

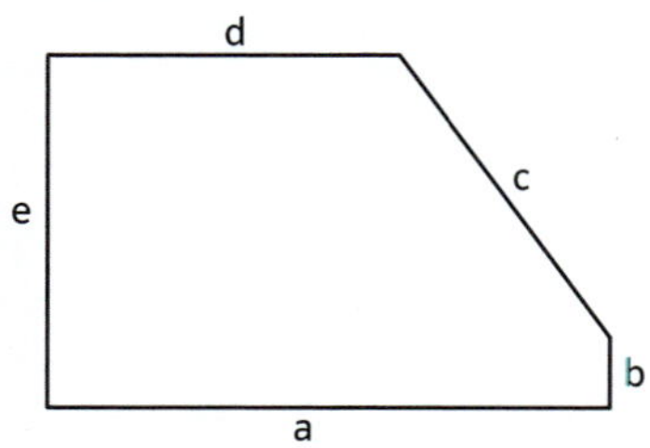

Für das nebenstehende Fünfeck gilt:
Gemessene Seitenlängen:
a = 40 mm; b = 5 mm
c = 25 mm; d = 25 mm;
e = 25 mm
Umfang:
40 mm + 5 mm + 25 mm + 25 mm + 25 mm
= 120 mm = 12 cm

1 Berechne den Umfang des Dreiecks mit den Seitenlängen

a) 2 cm; 7 cm; 6 cm. Umfang: ______________________

b) 5,3 cm; 12 mm; 9,5 cm. Umfang: ______________________

c) 3 m; 85 cm; 6 dm. Umfang: ______________________

2 Zeichne das Dreieck ABC und das Viereck DEFG mit A(0 | 1), B(3 | 2), C(1 | 5), D(3 | 5), E(4 | 1), F(6 | 2), G(6 | 4) in das Koordinatensystem.
Bestimme jeweils den Umfang.

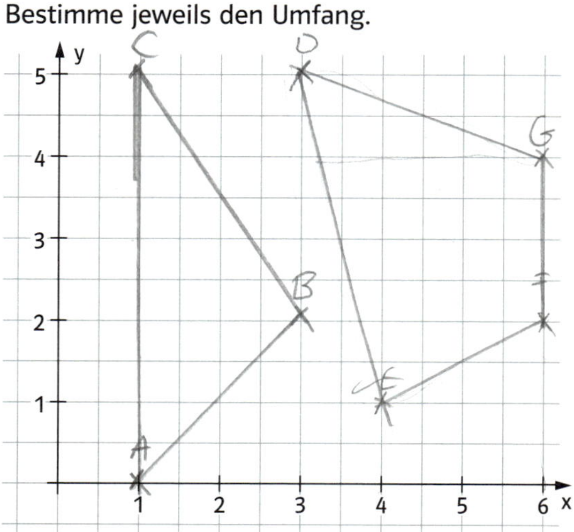

Umfang des Dreiecks:
3cm · 5cm + 3,5cm =
15cm + 3,5cm = 18,5cm
____

Umfang des Vierecks:
2cm · 4,5cm + 2cm · 3,5cm =
9cm + 7cm = 16cm
____

Den Umfang eines Rechtecks kann man berechnen, wenn man seine beiden Seitenlängen kennt: Umfang = (Länge + Breite) · 2

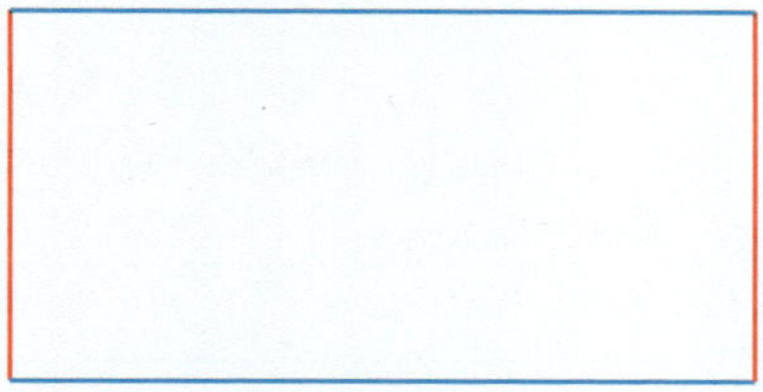

Gemessene Seitenlängen:
5 cm und 25 mm

Umfang:
(50 mm + 25 mm) · 2
= 150 mm = 15 cm

3 Berechne den Umfang des Rechtecks mit den Seitenlängen

a) 12 m und 7 m. Umfang: ____________________

b) 7,8 cm und 3,7 cm. Umfang: ____________________

c) 1,55 m und 37 cm. Umfang: ____________________

4 Bestimme den Umfang.

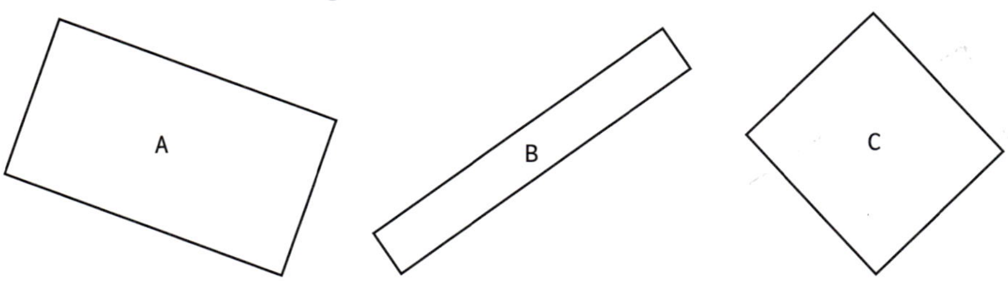

Umfang A: ____________________

Umfang B: ____________________

Umfang C: ____________________

5 Gib drei verschiedene Rechtecke an, die alle den Umfang 24 cm haben.

1. Rechteck: Länge = __________; Breite = __________

2. Rechteck: Länge = __________; Breite = __________

3. Rechteck: Länge = __________; Breite = __________

6 Die nebenstehende Figur besteht aus lauter Quadraten mit der Seitenlänge 1 cm.

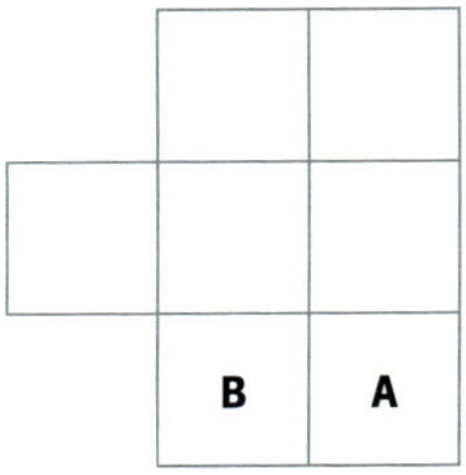

a) Bestimme den Umfang der Figur.

Umfang: ______________________________

b) Ergänze die Sätze.
Nimmt man von der Figur …

… das Quadrat A weg, so gilt für den neuen Umfang: ______________________________

… das Quadrat B weg, so gilt für den neuen Umfang: ______________________________

… die Quadrate A und B weg, so gilt für den neuen Umfang: ______________________________

7 Ein Rechteck mit der Länge 5 cm hat den Umfang 24 cm.
Berechne seinen Flächeninhalt.

____

____

TIPP
Überlege, welche Größe du zuerst berechnen musst.

8 Ein Rechteck mit dem Flächeninhalt 72 m^2 ist 6 m breit. Welchen Umfang hat das Rechteck?

____

9 In den Kärtchen siehst du die Länge und die Breite von verschiedenen Rechtecken. Verbinde mit einer blauen Linie die Kärtchen, die zu Rechtecken mit gleichem Flächeninhalt gehören und mit einer roten Linie diejenigen, die zu Rechtecken mit gleichem Umfang gehören.

3 m, 4 m	2 m, 4,5 m
2,5 m, 4 m	5 m, 2 m
50 cm, 10 m	2 m, 60 dm
3 m, 3 m	100 cm, 5 m

Test Nr. 1

Schreibe die Lösung in das dunkle Feld. Kontrolliere anschließend deine Lösungen.
Schreibe ein „r", wenn du die Aufgabe richtig gelöst hast.
Schreibe ein „f", wenn du die Aufgabe falsch gelöst hast.

r/f

1 Schreibe den passenden Buchstaben auf.

a) 12 a sind A. $120\,m^2$ B. 1200 ha C. $1200\,m^2$

b) 1 ha $10\,m^2$ sind A. $110\,m^2$ B. $10\,010\,m^2$ C. 110 a

c) 1 m 1 cm sind A. 101 cm B. 110 cm C. 11 cm

a) C. $1200\,m^2$ ____

b) A. $110\,m^2$ ____

c) A. 101 cm ____

2 Was gehört in die freien Kästchen?

a) $17\,m^2$ = ☐ dm^2 b) 17 m = ☐ dm

c) 2000 a = 20 ☐ d) $1\,m^2\ 50\,cm^2$ = ☐ cm^2

e) 1 m 50 cm = ☐ cm f) $160\,m^2$ = 1 ☐ $60\,m^2$

g) 2 a ☐ = $248\,m^2$ h) 5 ha $50\,m^2$ = ☐ m^2

a) 1700 b) 1700 ____

c) 20 ha d) ____ ____

e) ____ f) ____ ____

g) ____ h) ____ ____

3 Welche Kärtchen gehören zusammen?

A $5\,m^2 - 10\,dm^2$ **C** 1 a $6\,m^2$ **F** $16\,m^2$

E $49\,000\,cm^2$ **H** 1 a : 4 − $9\,m^2$ **B** $490\,cm^2$

G $3\,dm^2 + 190\,cm^2$ **D** $106\,m^2$

A und ____ ____

C und ____ ____

h und ____ ____

4 Bestimme den Flächeninhalt A und den Umfang U der Figuren.

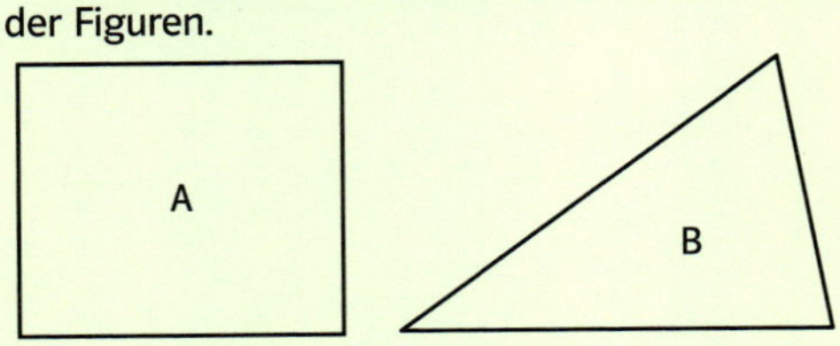

Figur A:

A = ____ U = ____ ____

Figur B:

A = ____ U = ____ ____

5 Ein Parallelogramm mit dem Flächeninhalt $48\,cm^2$ hat die Seitenlängen 8 cm und 10 cm.
Berechne die Längen der zugehörigen Höhen.

1. Höhe ____ ____

2. Höhe ____ ____

Test Nr. 2

Schreibe die Lösung in das dunkle Feld. Kontrolliere anschließend deine Lösungen.
Schreibe ein „r", wenn du die Aufgabe richtig gelöst hast.
Schreibe ein „f", wenn du die Aufgabe falsch gelöst hast.

Aufgabe	Lösung	r/f
1 Ordne die Figuren nach ihrem Flächeninhalt. 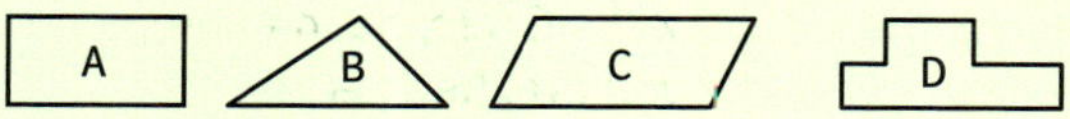	____ < ____ < ____ < ____	____
2 Gib in der Einheit an, die in der Klammer steht. a) $15\,m^2$ (dm^2) b) 15 m (dm)	a) ______ b) ______	____
c) 3 a (m^2) d) 5 a $6\,m^2$ (m^2)	c) ______ d) ______	____
e) 5 ha 55 a (a) f) 55 ha 5 a (a)	e) ______ f) ______	____
g) 2 a $2\,m^2$ (dm^2) h) $1\,km^2$ 75 ha (a)	g) ______ h) ______	____
3 Berechne. a) 63 a + 37 a b) 63 a + $37\,m^2$	a) ______ b) ______	____
c) $2\,km^2$ 55 ha − 125 ha d) 5 ha 78 a + 122 a	c) ______ d) ______	____
e) $5\,m^2 - 80\,dm^2$ f) $5\,m^2 - 80\,cm^2$	e) ______ f) ______	____
4 Ein Rechteck ist 15 cm lang und 8 cm breit. a) Berechne seinen Umfang und seinen Flächeninhalt.	a) U = ______ A = ______	____
b) Nun werden alle Seiten um 2 cm verkürzt. Um wie viel verkleinert sich der Umfang und der Flächeninhalt?	b) Änderung U: ______	____
	Änderung A: ______	____
5 Berechne den Flächeninhalt der Figuren. a) 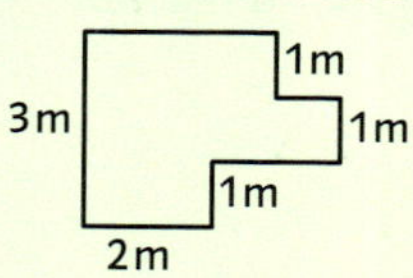	a) ______________	____
b) 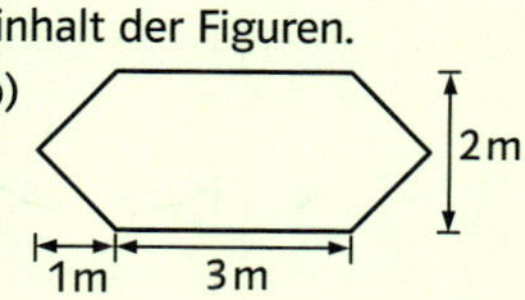	b) ______________	____
6 Ein Tiergehege ist 80 m lang und wird von einem 2 m hohen Maschendrahtzaun eingezäunt. a) Wie breit ist das Gehege, wenn man dazu $500\,m^2$ Zaun benötigt?	a) Breite des Geheges: ______________	____
b) Wie viele m^2 Zaun bräuchte man zusätzlich, wenn man das Gehege um 20 m verlängern wollte?	b) Zusätzlicher Zaun: ______________	____

V Körper

1 Körper und Netze

Körper werden von Flächen begrenzt.
Stoßen zwei Flächen zusammen, so entsteht eine Kante.
Stoßen Kanten zusammen, so entsteht eine Ecke.

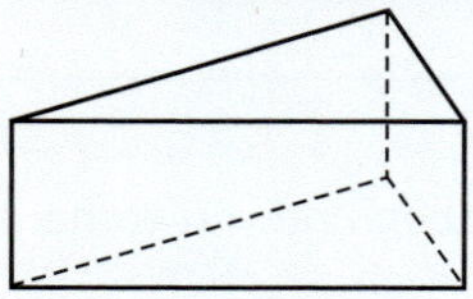

Der abgebildete Körper hat sechs Ecken, neun Kanten und fünf Flächen (zwei Dreiecke und drei Rechtecke).

1 Wie viele Ecken, Kanten und Flächen hat der Körper? Welche Flächen sind das?

a)

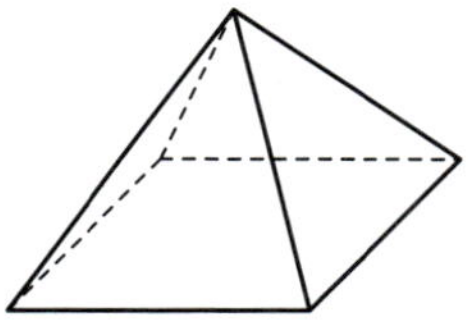

b)

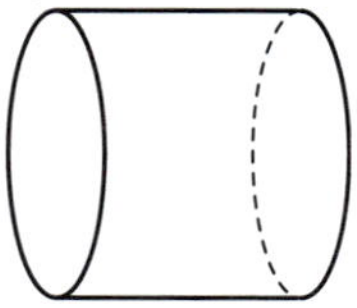

c)

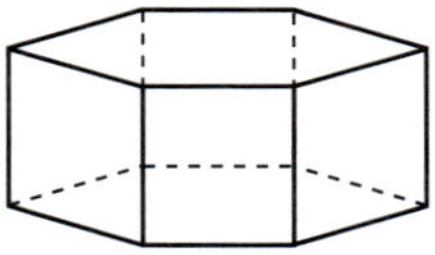

	a)	b)	c)
Anzahl Ecken:	________	________	________
Anzahl Kanten:	________	________	________
Anzahl der Flächen:	________	________	________
Art der Flächen:	________	________	________

Viele Gegenstände in Alltag, Natur und Technik haben die Form geometrischer Grundkörper.

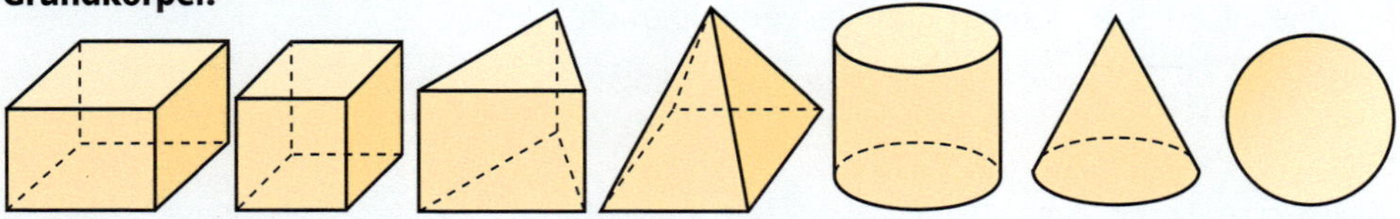

Quader Würfel Prisma Pyramide Zylinder Kegel Kugel

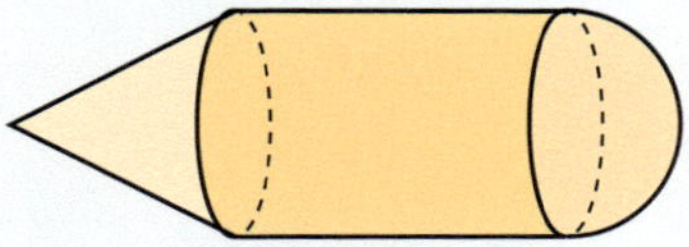

Der abgebildete Körper ist aus einem Zylinder, einem Kegel und einer Halbkugel zusammengesetzt.

2 Aus welchen geometrischen Grundkörpern ist der Körper zusammengesetzt?

a)

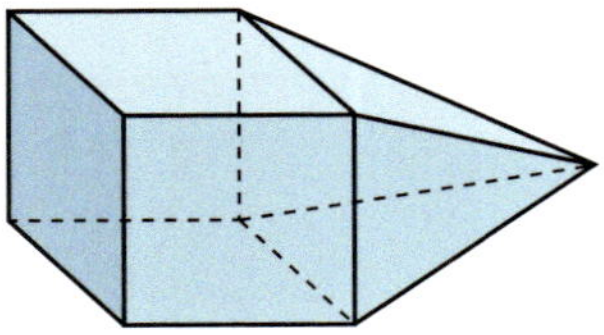

b)

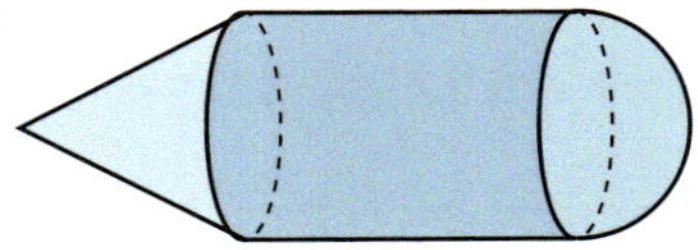

Grundkörper: ______________________ Grundkörper: ______________________

3 Blickt man auf verschiedene geometrische Grundkörper von oben und von vorne, so erhält man verschiedene Ansichten:

Ansichten von oben:

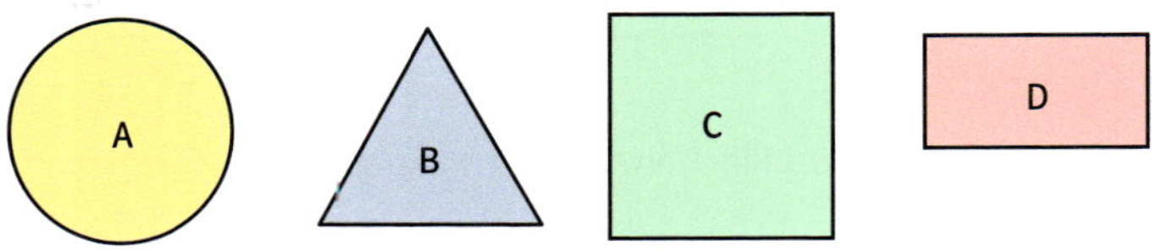

Ansichten von vorne:

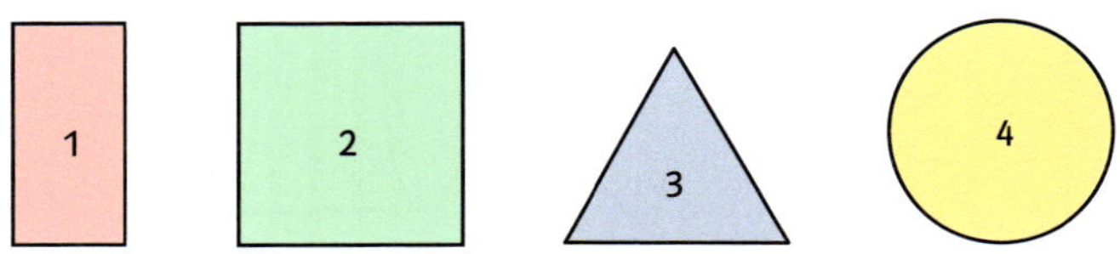

Welche Ansichten erhält man bei den folgenden Körpern? Notiere jeweils den passenden Buchstaben und die passende Zahl.

Körper	Würfel	Zylinder	Kegel	quadratische Pyramide	dreiseitiges Prisma	Kugel
Ansicht von oben						
Ansicht von vorne						

4 Wie viele Ecken, Kanten und Flächen haben die Körper?

Körper	Quader	dreiseitige Pyramide	achtseitige Pyramide	achtseitiges Prisma	Kegel	Zylinder
Anzahl der Ecken						
Anzahl der Kanten						
Anzahl der Flächen						

5 Eine Pyramide mit quadratischer Grundfläche wird durch einen ebenen Schnitt durchgeschnitten. Welche Schnittfläche entsteht, wenn
a) der Schnitt parallel zur Grundfläche verläuft,
b) der Schnitt senkrecht zur Grundfläche durch zwei gegenüberliegende Ecken des Quadrats verläuft?
Schnittflächen:

a) ______________________ b) ______________________

Kann man einen Körper entlang von Kanten so aufschneiden, dass man alle seine Flächen auf einem Tisch eben ausbreiten kann, so erhält man ein Netz des Körpers.

Die abgebildete Pyramide hat verschiedene Netze,

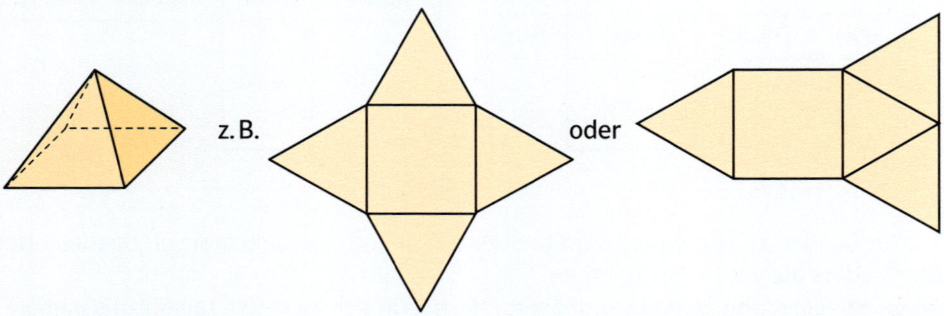

6 Zu welchen geometrischen Grundkörpern gehören die Netze?

a)

b)
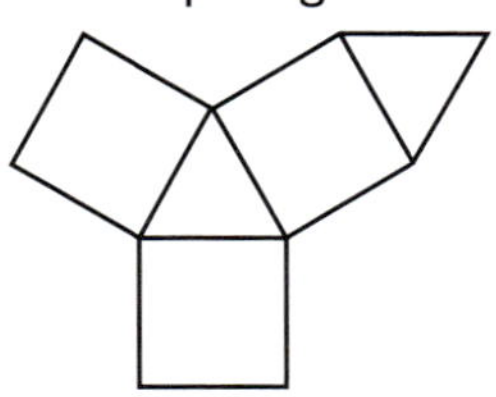

c)
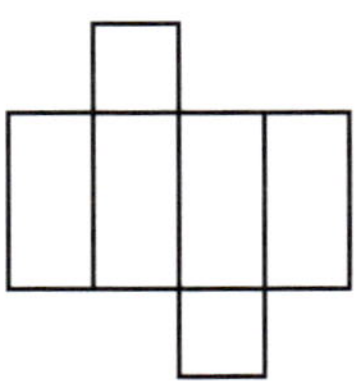

Körper: ______________ ______________ ______________

d)
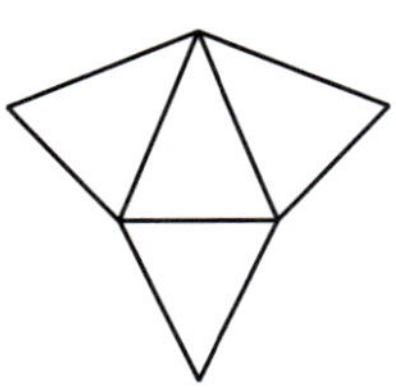

e)
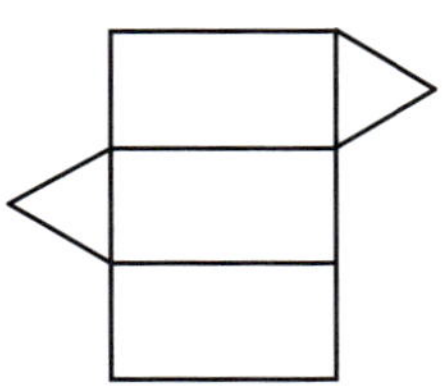

f)
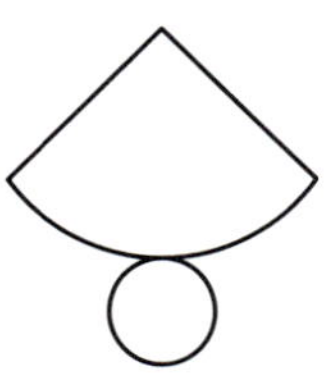

Körper: ______________ ______________ ______________

2 Quader

Ein Quader besteht aus sechs Rechtecken. Jeweils zwei gegenüberliegende Rechtecke sind gleich.
Bei einem Quader sind die Kanten entweder parallel oder orthogonal.
Ein Würfel ist ein Quader, bei dem alle Kanten gleich lang sind. Seine Flächen sind daher sechs gleiche Quadrate.

Der abgebildete Quader hat verschiedene Netze,

z. B.

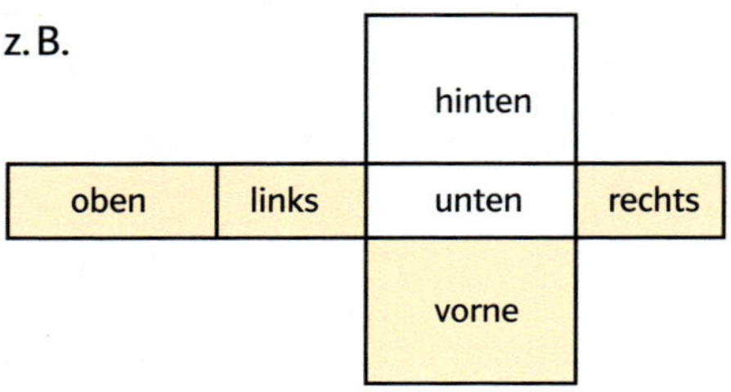

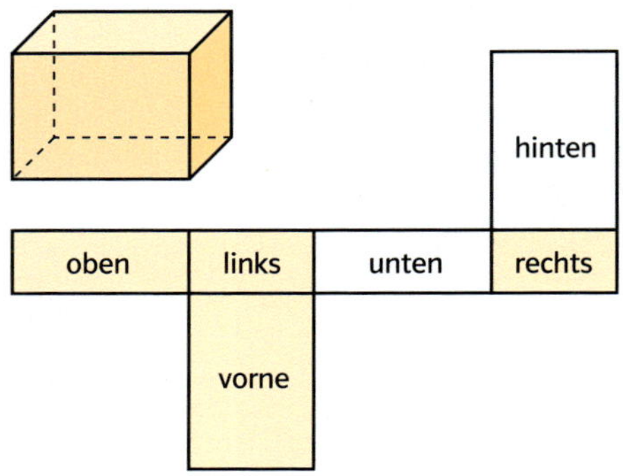

1 Ein Quader ist 3 cm lang, 1,5 cm breit und 1 cm hoch. Zeichne drei verschiedene Netze des Quaders auf ein kariertes Papier.
Schneide deine Lösungen aus und überprüfe, ob sie sich zu einem Quader zusammenbauen lassen.

2 Lisa hat das Netz eines Quaders nicht ganz fertig gezeichnet.
a) Welches der Rechtecke fehlt in Lisas unvollständigem Netz?
b) An welchen Kanten kann man das fehlende Rechteck anbringen, so dass ein Quadernetz entsteht?

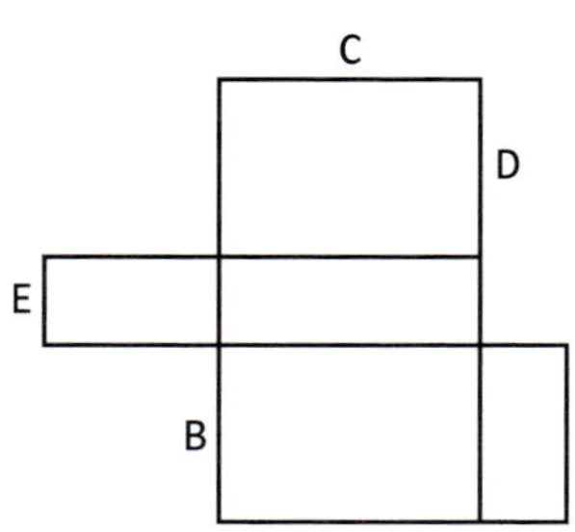

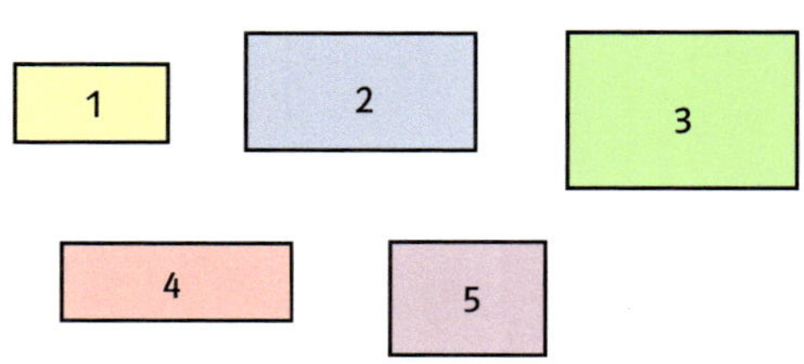

a) Es fehlt das Rechteck mit der Nummer ____ .

b) Man kann es an den Kanten mit den Buchstaben ____ oder ____ oder ____ anbringen.

3 Zeichne die roten Linien in die beiden Netze des Quaders ein.

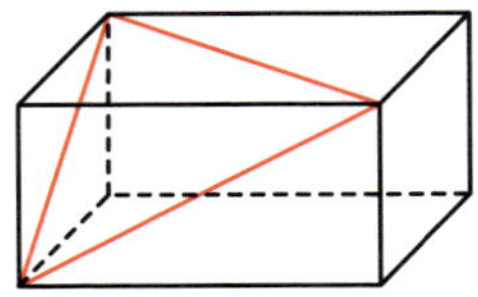

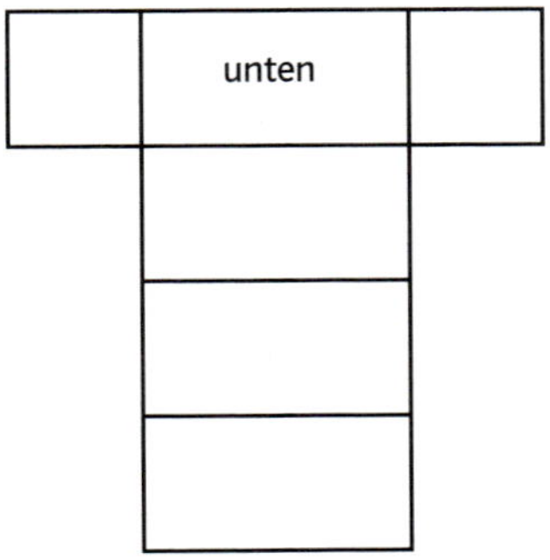

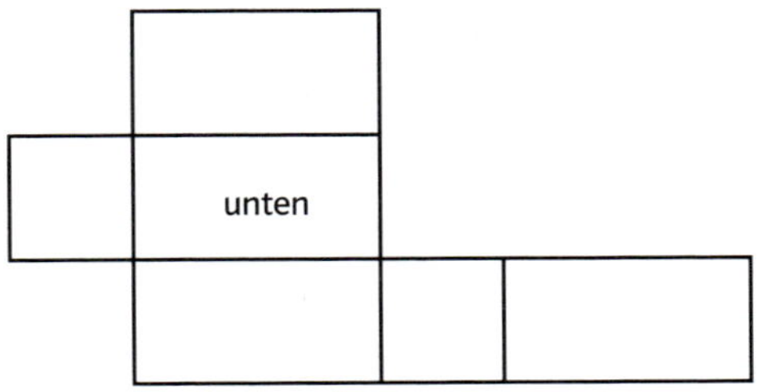

4 Welche Zeichnungen stellen das Netz eines Würfels dar?

a)
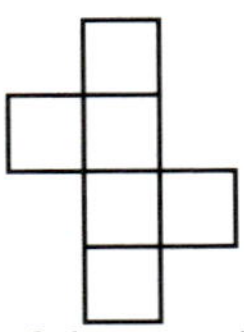

b)
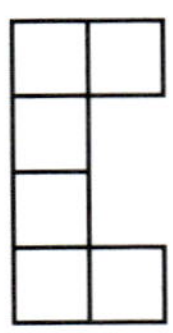

c)
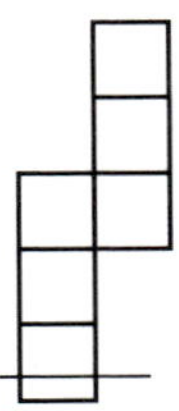

d)
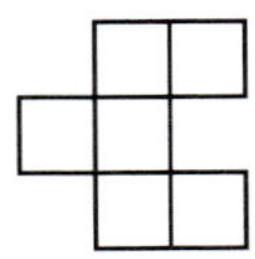

e)
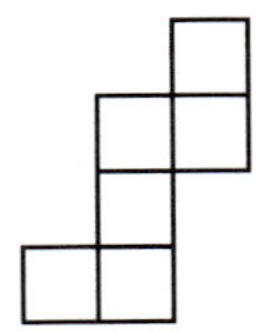

Würfelnetze sind: ______

5 Mit welchen der roten Quadrate kann man die Zeichnung zu einem Würfelnetz ergänzen?

a)
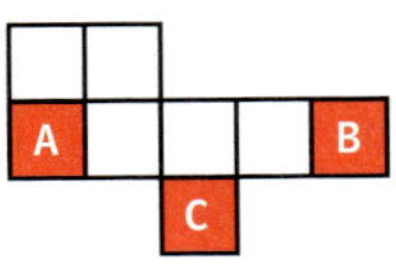

b)
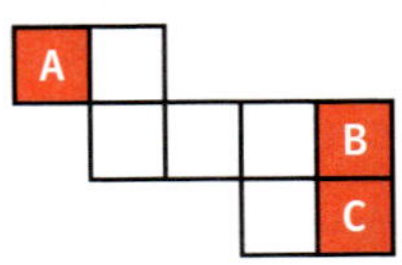

c)
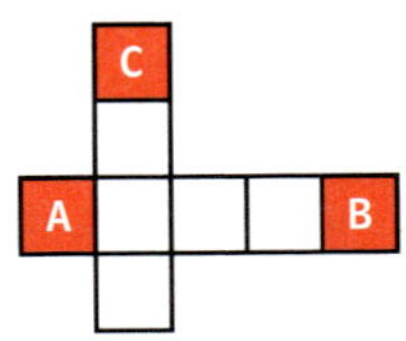

a) Quadrat ___ b) Quadrat ___ oder ___ c) Quadrat ___ oder ___

6 Welches Quadrat liegt dem roten Quadrat gegenüber, wenn man das Netz zu einem Würfel zusammenbaut?

a)
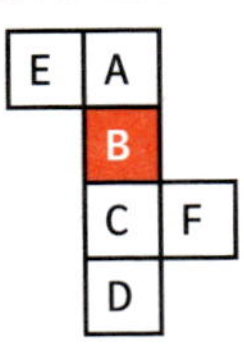

b)
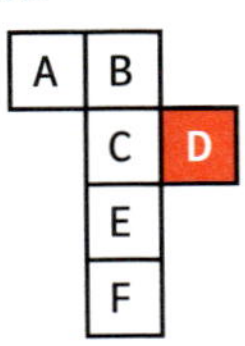

c)

d)
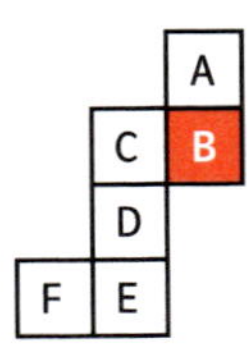

e)
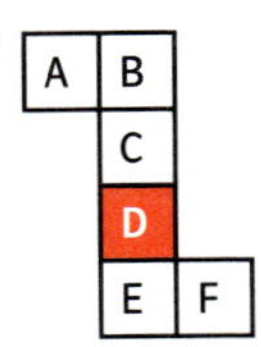

Quadrat ___ Quadrat ___ Quadrat ___ Quadrat ___ Quadrat ___

Ein Quader ist bestimmt durch die Angabe von drei Kantenlängen (Länge, Breite und Höhe).
Die sechs Rechtecke, die den Quader begrenzen, bilden die Oberfläche des Quaders. Sein Oberflächeninhalt ist die Summe der Flächeninhalte dieser sechs Rechtecke.

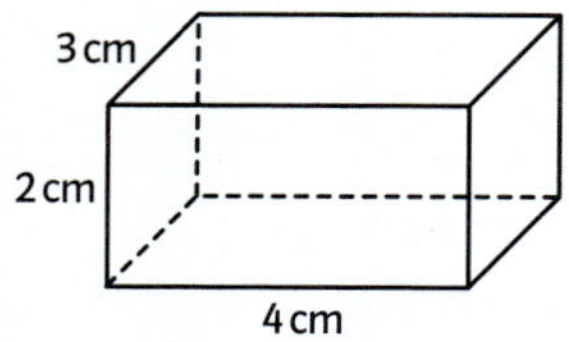

Für den abgebildeten Quader gilt:

Gesamtkantenlänge:
$4 \cdot 4\,cm + 4 \cdot 2\,cm + 4 \cdot 3\,cm = 36\,cm$

Oberflächeninhalt:
$2 \cdot (4 \cdot 2\,cm^2) + 2 \cdot (4 \cdot 3\,cm^2) + 2 \cdot (2 \cdot 3\,cm^2) = 52\,cm^2$

7 Berechne die Gesamtkantenlänge und den Oberflächeninhalt eines Quaders mit den angegebenen Kantenlängen.
a) Länge: 5 m; Breite: 3 m; Höhe: 2 m

Gesamtkantenlänge: __________ ; Oberflächeninhalt: ____________________
b) Länge: 0,5 m; Breite: 12 cm; Höhe: 8 mm

Gesamtkantenlänge: __________ ; Oberflächeninhalt: ____________________

8 Ein Quader hat die Gesamtkantenlänge 48 cm.
a) Gib vier verschiedene Möglichkeiten für die Kantenlängen eines solchen Quaders an.

1. Möglichkeit: ____ cm; ____ cm; ____ cm 2. Möglichkeit: ____ cm; ____ cm; ____ cm

3. Möglichkeit: ____ cm; ____ cm; ____ cm 4. Möglichkeit: ____ cm; ____ cm; ____ cm

b) Gibt es einen Würfel mit der Gesamtkantenlänge 48 cm? ____________________

9 Ein Quader hat eine quadratische Seitenfläche mit der Kantenlänge 5 cm. Sein Oberflächeninhalt beträgt 250 cm².
Berechne die Länge der dritten Kante.

____

____

____

____

3 Schrägbilder

Ein räumlich wirkendes Bild eines Körpers erhält man, indem man ein Schrägbild von ihm zeichnet.

So zeichnet man das Schrägbild eines Quaders mit den Kantenlängen 4 cm, 2 cm und 3 cm:

1. Zeichne die Vorderfläche mit den angegebenen Kantenlängen.
2. Zeichne alle nach hinten verlaufenden Kanten schräg und verkürzt (1 cm entspricht einer Kästchendiagonalen).
3. Zeichne die Rückseite, indem du die Endpunkte der schräg gezeichneten Kanten verbindest.

Zeichne die Kanten, die nicht sichtbar sind, gestrichelt.

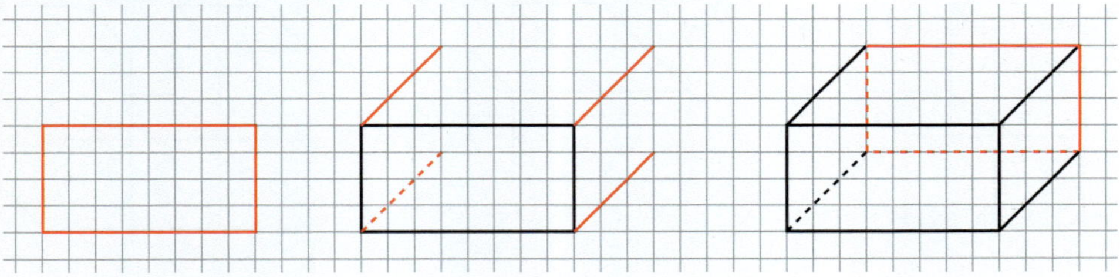

1 Ein Quader hat die Kantenlängen 5 cm, 4 cm und 2 cm.

a) Zeichne ein Schrägbild des Quaders, bei dem die größte Fläche nach vorne zeigt.

b) Zeichne ein Schrägbild des Quaders, bei dem die kleinste Fläche nach vorne zeigt.

2 Die folgenden Abbildungen zeigen unvollständige Schrägbilder von Quadern. Ergänze die fehlenden Kanten.

a)

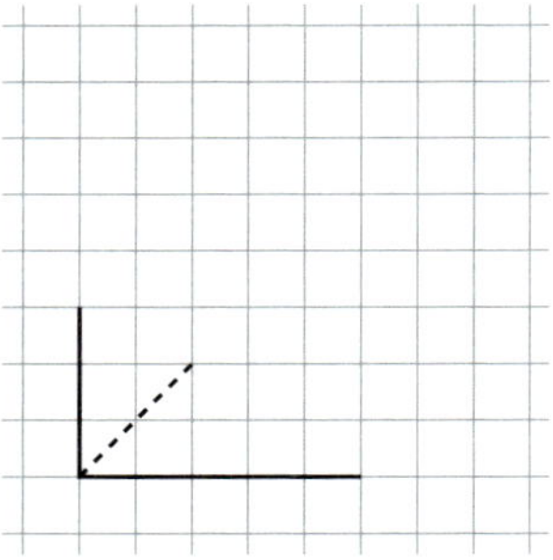

b)

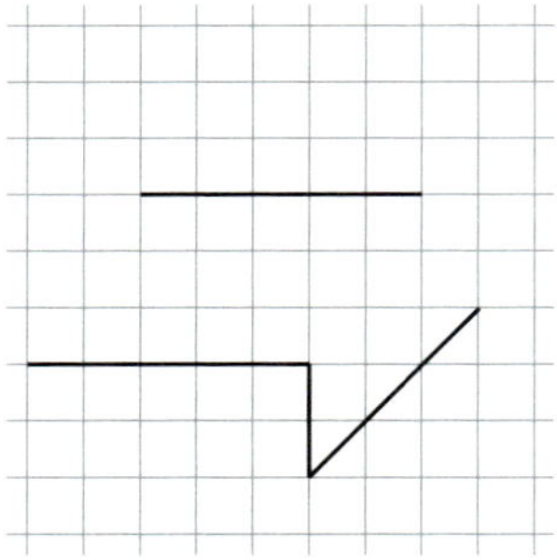

c)

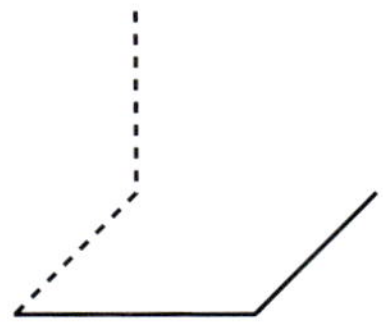

3 Die Körper wurden aus lauter gleichen Würfeln zusammengesetzt. Trage in die Schrägbilder alle nicht sichtbaren Kanten der Würfel gestrichelt ein.

a)

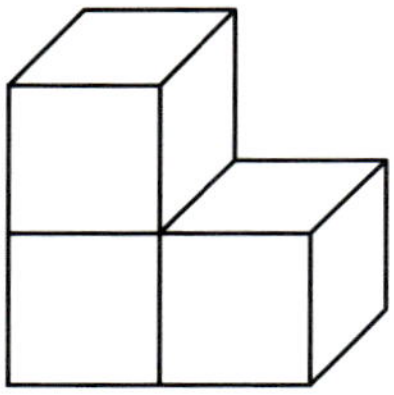

b)

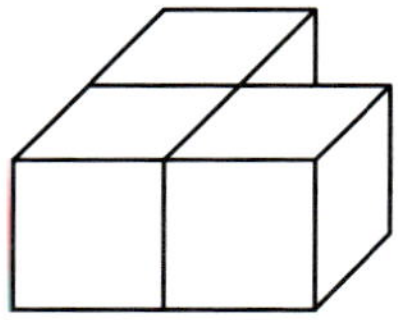

c)

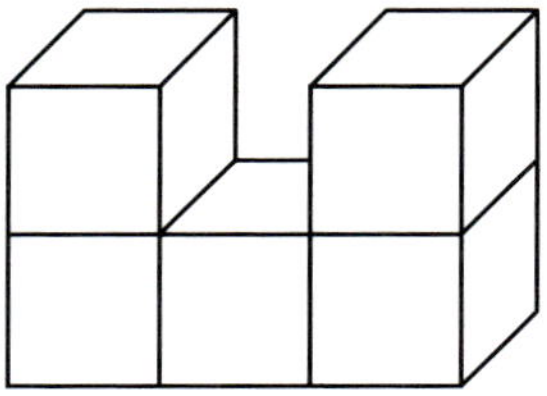

4 Zeichne jeweils ein Schrägbild, bei dem die rote Fläche nach vorne zeigt.

a)

b)

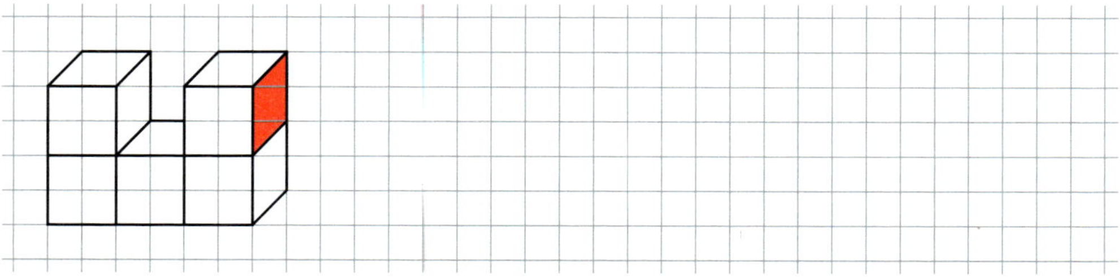

5 Die Abbildung zeigt das Netz eines treppenförmigen Körpers.

a) Zeichne, wie man diesen Körper von oben, von rechts und von vorne sieht.

b) Zeichne ein Schrägbild des Körpers so, dass die Stufen deutlich sichtbar sind.

c) Wie viele Würfel mit der Kantenlänge 1 cm braucht man, um diesen Körper zu bauen?

Man braucht _____ Würfel der Kantenlänge 1 cm.

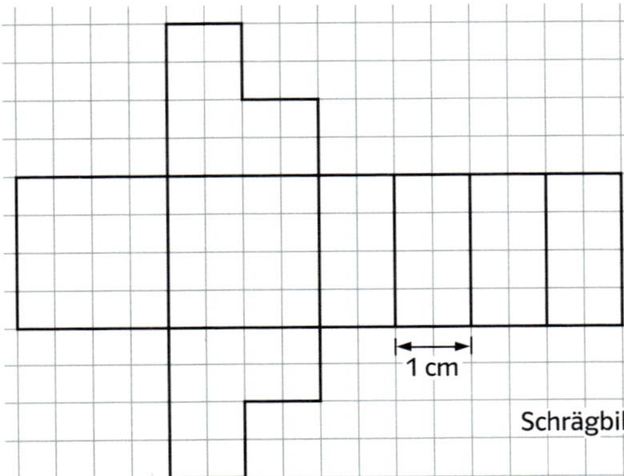

Ansicht von oben:

Ansicht von rechts:

Schrägbild:

Ansicht von vorne:

6 Sind die folgenden Aussagen richtig oder falsch? Kreuze alle richtigen Aussagen an.
Zeichnet man von einem Körper ein Schrägbild, so sind im Schrägbild …

a) … alle Strecken gleich lang wie bei dem Körper; ☐

b) … alle Strecken parallel, die auch bei dem Körper parallel sind; ☐

c) … alle Strecken orthogonal, die auch bei dem Körper orthogonal sind; ☐

d) … rechteckige Flächen des Körpers wieder Rechtecke oder Parallelogramme; ☐

e) … alle Strecken, die nach hinten verlaufen, gestrichelt gezeichnet; ☐

f) … alle beim Körper nicht sichtbaren Strecken gestrichelt gezeichnet; ☐

g) … quadratische Flächen des Körpers wieder Quadrate oder Rauten; ☐

h) … Strecken kürzer, die auch beim Körper kürzer sind. ☐

4 Rauminhalt eines Quaders

Ein Würfel mit der Kantenlänge 1cm hat den Rauminhalt 1cm³ (ein Kubikzentimeter). Bei vielen Körpern kann man den Rauminhalt bestimmen, indem man sie in Würfel mit der Kantenlänge 1cm (in Gedanken) zerlegt.

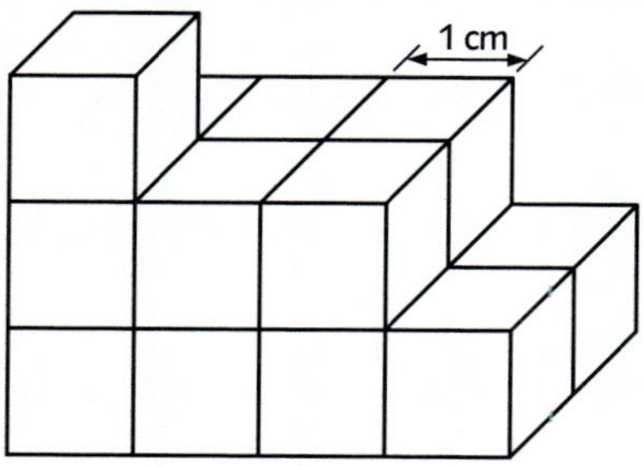

Der abgebildete Körper lässt sich in 15 Würfel mit der Kantenlänge 1cm zerlegen.
Er hat daher den Rauminhalt 15 cm³.

1 Die abgebildeten Körper sind aus lauter Würfeln mit der Kantenlänge 1cm zusammengebaut. Bestimme ihren Rauminhalt.

a)

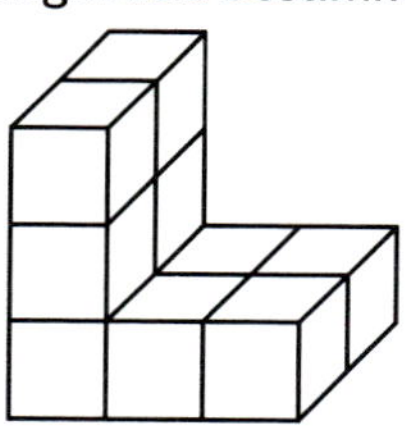

__________ cm³

b)

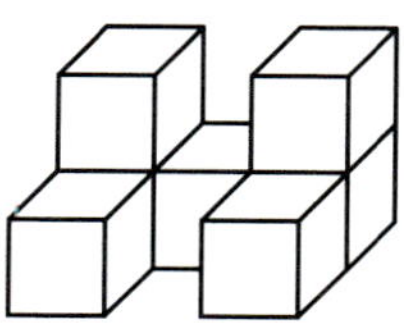

__________ cm³

c)

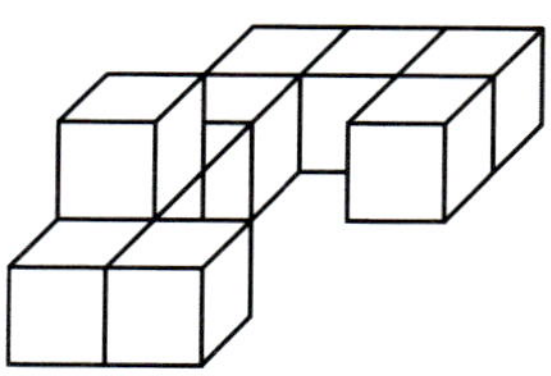

__________ cm³

2 Die Körper sollen jeweils zu einem Quader ergänzt werden. Wie viele Würfel braucht man dazu mindestens?

a)

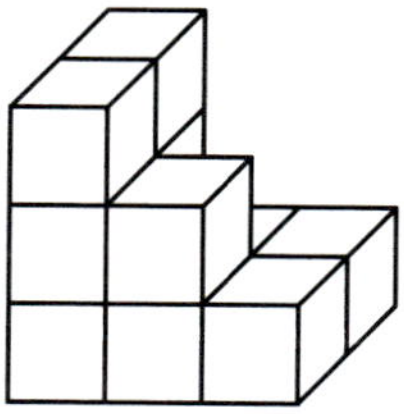

__________ Würfel

b)

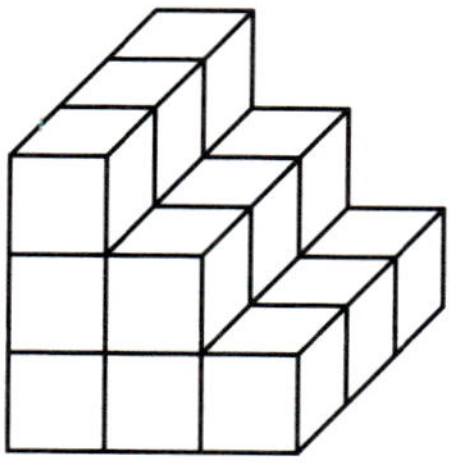

__________ Würfel

c)

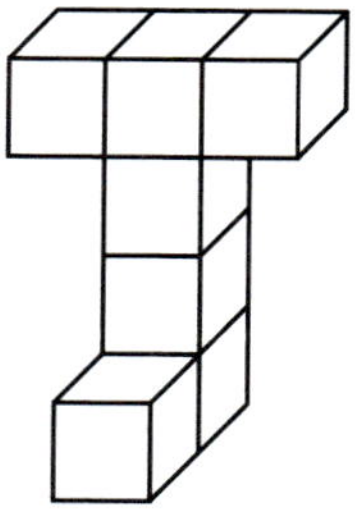

__________ Würfel

Den Rauminhalt eines Quaders kann man berechnen, wenn man seine Länge, Breite und Höhe kennt.
Manchmal muss man diese Angaben zuerst in die gleiche Längeneinheit umrechnen.

Ein Quader mit den Kantenlängen 6 cm, 4 cm und 3 cm hat den Rauminhalt $6 \cdot 4 \cdot 3\,cm^3 = 72\,cm^3$.

Ein Quader mit den Kantenlängen 2,5 m, 1,4 m und 40 cm hat den Rauminhalt $25 \cdot 14 \cdot 4\,dm^3 = 1400\,dm^3$.

3 Berechne den Rauminhalt der Quader.

a) Kantenlängen: 7 cm; 4 cm; 3 cm.

Rauminhalt: ______________________

b) Kantenlängen: 12 m; 80 cm; 0,5 m.

Rauminhalt: ______________________

c) Kantenlängen: $\frac{1}{2}$ m; 40 cm; 2,5 cm

Rauminhalt: ______________________

4 Von einem Quader weiß man, dass er den Rauminhalt $240\,cm^3$ hat und dass seine Grundfläche $60\,cm^2$ groß ist.
Welche Kantenlängen kann der Quader haben? Gib zwei verschiedene Möglichkeiten an.

Nebenrechnung: ______________________

	Länge	Breite	Höhe
1. Möglichkeit			
2. Möglichkeit			

5 Vervollständige die Angaben.

	Länge	Breite	Höhe	Inhalt der Grundfläche	Raum-inhalt	Oberflächen-inhalt
1. Quader	5 m	4 m	2 m			
2. Quader	10 cm			$60\,cm^2$	$300\,cm^3$	
3. Quader	150 cm	4 m			$24\,m^3$	
4. Quader		30 dm	80 cm	$15\,m^2$		

4m

6 Ein Aquarium ist 60 cm lang, 40 cm breit und 50 cm hoch.

a) Wie viele Liter Wasser passen höchstens in das Aquarium?

b) Wie hoch steht das Wasser im Aquarium, wenn man 72 Liter Wasser einfüllt?

7 Ein Quader aus Gold hat die Kantenlängen 5,0 cm; 4,0 cm und 2,0 cm.
Er wird eingeschmolzen und in eine Form mit einer quadratischen Grundfläche der Kantenlänge 20 cm gegossen. Wie hoch ist der neu entstandene Quader?

---

8 Berechne den Rauminhalt der abgebildeten Körper.

a)

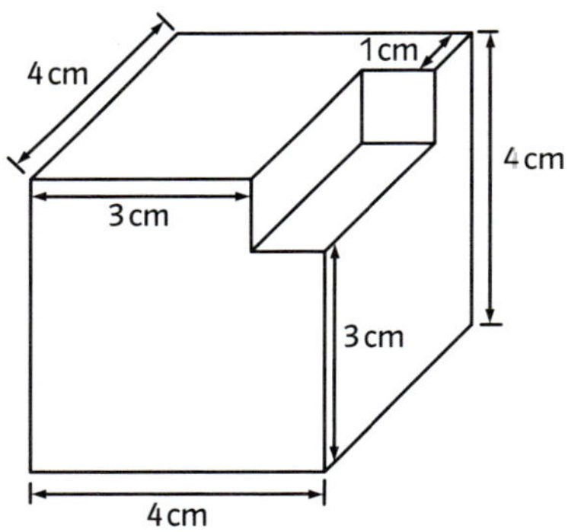

Tipp

Den Rauminhalt von vielen Körpern kann man berechnen, indem man

- *den Körper in mehrere Quader zerlegt (das geht oft auf verschiedene Weisen) oder*
- *den Körper zu einem Quader ergänzt.*

Den Rauminhalt erhält man dann als Summe oder Differenz der einzelnen Rauminhalte.

Rauminhalt: ____________________

____

b)

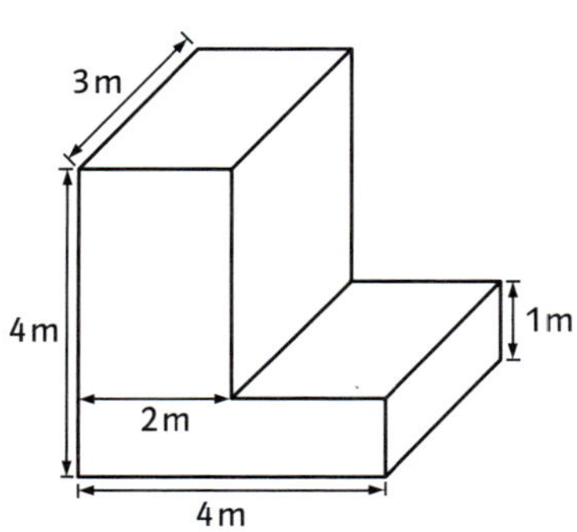

Rauminhalt: ____________________

____

c)

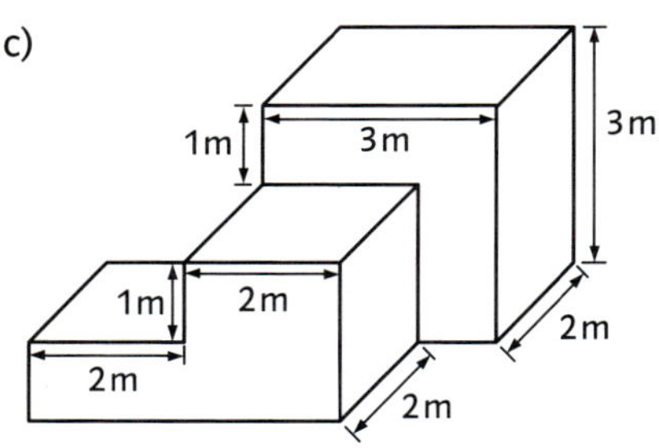

Rauminhalt: ____________________

____

5 Rechnen mit Rauminhalten

Ein Würfel mit der Kantenlänge 1 mm hat den Rauminhalt 1 mm³ (ein Kubikmillimeter). Der Umrechnungsfaktor zur nächstgrößeren Einheit beträgt 1000.

$1000\,mm^3 = 1\,cm^3$ (ein Kubikzentimeter)
$1000\,cm^3 = 1\,dm^3$ (ein Kubikdezimeter)
$1000\,dm^3 = 1\,m^3$ (ein Kubikmeter)

Daher gilt: $8\,cm^3 = 8000\,mm^3$; $12\,m^3 = 12\,000\,dm^3$;
$2\,m^3\ 200\,dm^3 = 2200\,dm^3$; $2\,m^3\ 20\,dm^3 = 2020\,dm^3$.

1 Schreibe in der angegeben Einheit.

a) $12\,m^3$ = ___________ dm^3
b) $75\,000\,cm^3$ = ___________ dm^3
c) $360\,000\,mm^3$ = _________ cm^3
d) $12\,m^3$ = _________________ cm^3

2 Schreibe in der kleinsten Einheit.

a) $5\,m^3\ 250\,dm^3$ = ____________________
b) $5\,m^3\ 25\,dm^3$ = ____________________
c) $5\,m^3\ 5\,dm^3$ = ____________________
d) $5\,m^3\ 250\,cm^3$ = ____________________
e) $5\,m^3\ 25\,cm^3$ = ____________________
f) $50\,m^3\ 50\,dm^3$ = ____________________

3 Ergänze die fehlenden Angaben. Achtung: Zwei der Aufgaben sind nicht lösbar!

a) $4\,m^3$ = _______ dm^3
b) $25\,000\,mm^3$ = 25 ______
c) $25\,000\,m^3$ = ______ ha
d) $2\,dm^3$ = 2 000 000 ______
e) $50\,dm^3$ = 50 000 ______
f) $1000\,dm^2$ = _______ m^3
g) _________ dm^3 = 2 _______
h) 47 000 ______ = __________ cm^3

4 Ein Würfel hat den Rauminhalt $1\,dm^3$. Kreuze an, was zutrifft.

a) Der Würfel hat die Kantenlänge 10 cm. ☐
b) Den Würfel kann man in 100 Würfel mit der Kantenlänge 1 cm zerlegen. ☐
c) Tausend solcher Würfel haben zusammen den Rauminhalt $1\,m^3$. ☐
d) Seine Gesamtkantenlänge beträgt 60 cm. ☐

5 Rechnen mit Rauminhalten

Im Alltag werden häufig auch andere Raumeinheiten verwendet.

1 l (ein Liter) = 1 dm³; **1 hl (ein Hektoliter) = 100 l = 100 dm³**

1 ml (ein Milliliter) = 1 cm³; **1 cl (ein Zentiliter) = 10 cm³.**

Daher gilt: 25 l = 25 dm³; 1 hl 50 l = 150 l = 150 dm³

12 ml = 12 cm³; 12 cl = 120 cm³.

5 Verbinde die passenden Kärtchen.

A 400 cm³	**B** 40 cm³	**C** 4000 cm³	**D** 40 l
1 40 ml	**2** 4 dm³	**3** 40 cl	**4** 40 000 cm³

6 Schreibe in der angegebenen Einheit.

a) 23l = ________ dm³ b) 48 l = ____________ cm³ c) 5 cl = __________ cm³

d) 60 ml = _______ mm³ e) 20 hl = ____________ m³ f) 80 ml = _______ cl

g) 5 l 20 ml = ______ cm³ h) 5 l 20 cl = ______ cm³ i) 5 hl 25 l = ______ dm³

Mit Angaben über Rauminhalte kann man rechnen. Dazu muss man alle Angaben auf die gleiche Raumeinheit bringen.

$250\,cm^3 + 750\,cm^3 = 1000\,cm^3 = 1\,dm^3$
$3\,m^3 - 45\,dm^3 = 3000\,dm^3 - 45\,dm^3 = 2955\,dm^3$
$16\,cm^3 : 5 = 16\,000\,mm^3 : 5 = 3200\,mm^3$
$2\,m^3 - 5 \cdot 24\,l = 2000\,dm^3 - 120\,dm^3 = 1880\,dm^3 = 1880\,l$

7 Berechne.

a) $455\,cm^3 + 545\,cm^3$ = ________________ b) $455\,dm^3 + 545\,cm^3$ = ________________

c) $4\,m^3 - 500\,dm^3$ = ________________ d) $4\,m^3 - 50\,dm^3$ = ________________

e) $4\,m^3 - 5\,dm^3$ = ________________ f) $40\,cm^3 \cdot 50$ = ________________

g) $40\,000\,cm^3 : 50$ = ________________ h) $(3\,m^3\ 60\,dm^3) : 2$ = ________________

8 Ergänze.

a) Von 600 dm^3 fehlt bis zu 1 m^3: ____________________

b) Von 60 dm^3 fehlt bis zu 1 m^3: ____________________

c) Von 600 cm^3 fehlt bis zu 1 m^3: ____________________

d) Von 60 cm^3 fehlt bis zu 1 m^3: ____________________

e) Von 60 cm^3 fehlt bis zu 1 dm^3: ____________________

9 Welche Linien verbinden gleiche Rauminhalte? Kreuze die entsprechenden Buchstaben an.

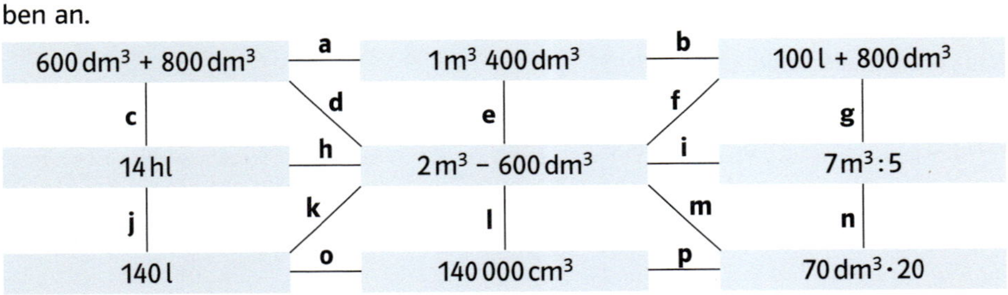

a ☐ b ☐ c ☐ d ☐ e ☐ f ☐ g ☐ h ☐

i ☐ j ☐ k ☐ l ☐ m ☐ n ☐ o ☐ p ☐

10 Eine Limonadenfirma füllt eine neue Sorte von Erfrischungsgetränk aus einem 3 m^3 großen Tank in Probefläschchen mit jeweils 5 cl Inhalt ab.
Wie viele Probefläschchen wurden abgefüllt?

____

11 Jules Zimmer ist 4,4 m lang, 3 m breit und 2,5 m hoch.

a) Welchen Flächeninhalt haben alle Wände und die Decke zusammen, wenn man die Türen und Fenster nicht berücksichtigt?

____

____

b) Berechne den Rauminhalt des Zimmers.

____

c) Im Schlaf verbraucht ein Mensch ungefähr 5 Liter Luft pro Minute. Wie lange könnte Jule schlafen, bis sie die gesamte Luft im Zimmer verbraucht hat?

____

Test Nr. 1

Schreibe die Lösung in das dunkle Feld. Kontrolliere anschließend deine Lösungen.
Schreibe ein „r", wenn du die Aufgabe richtig gelöst hast.
Schreibe ein „f", wenn du die Aufgabe falsch gelöst hast.

Aufgabe	Lösung	r/f
1 Schreibe die passenden Buchstaben auf.		
a) 12 dm^3 sind A. 1200 cm^3 B. 12 Liter C. 12 000 cm^3	a) ______	___
b) 1 cm^3 10 mm^3 sind A. 110 mm^3 B. 1010 mm^3 C. 110 cl	b) ______	___
c) 1 m 1 cm sind A. 101 cm B. 110 cm C. 11 cm	c) ______	___
2 Was gehört in die freien Kästchen?		
a) 17 m^3 = ☐ dm^3 b) 17 m^2 = ☐ dm^2	a) ____ b) ____	___
c) 2000 l = 2 ☐ d) 1 m^3 50 dm^3 = ☐ dm^3	c) ____ d) ____	___
e) 1 m 50 cm = ☐ cm f) 1060 dm^3 = 1 ☐ 60 dm^3	e) ____ f) ____	___
g) ☐ cm^3 48 mm^3 = 2048 m^3 h) 5 l 50 cm^3 = ☐ cm^3	g) ____ h) ____	___
3 Welche Kärtchen gehören zusammen?		
A 5 m^3 – 10 dm^3 **C** 4 m^3 900 dm^3 **F** 409 dm^3	A und ____	___
E 4900 cm^3 **H** 600 l · 8 + 100 l **B** 4990 dm^3	C und ____	___
D 20 dm^3 : 5 + 900 cm^3 **G** 49 000 dm^3	D und ____	___
4 An welchen Kanten kann man ein Quadrat anfügen, so dass das Netz eines Würfels entsteht?	a) ______	___
a) 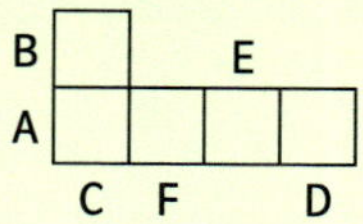 b) 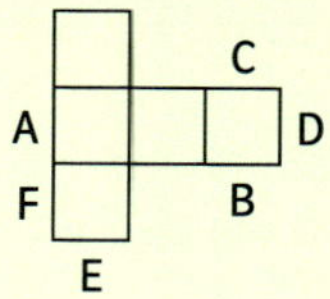	b) ______	___
5 Berechne den Oberflächeninhalt O und den Rauminhalt V eines Quaders mit den Kantenlängen		
a) 8 m; 5 m und 2 m	a) O = ____ V = ____	___
b) 0,4 m; 25 cm und 15 mm	b) O = ____ V = ____	___
6 Ein 6 cm langer Quader hat den Rauminhalt 192 cm^3. Seine Grundfläche ist 24 cm^2 groß. Berechne seine Breite und seine Höhe.	Breite ______	___
	Höhe ______	___

Test Nr. 2

Schreibe die Lösung in das dunkle Feld. Kontrolliere anschließend deine Lösungen.
Schreibe ein „r", wenn du die Aufgabe richtig gelöst hast.
Schreibe ein „f", wenn du die Aufgabe falsch gelöst hast.

r/f

1 Wie viele kleine Würfel braucht man mindestens, um den Körper zu einem Würfel zu ergänzen?

a) 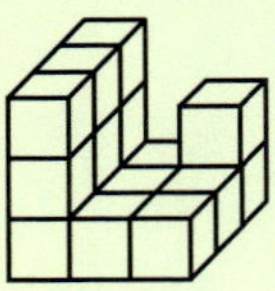 b) 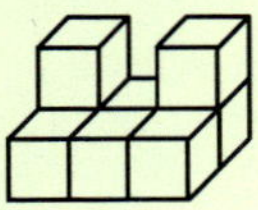 c) 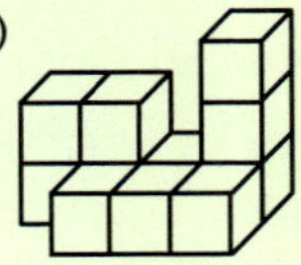

a) ____________ ____
b) ____________ ____
c) ____________ ____

2 Die Figuren sind unvollständige Netze von geometrischen Grundkörpern. Um welche Körper handelt es sich? An welchen Kanten kann man das Netz vervollständigen?

a) 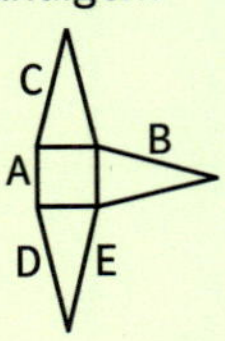

b) 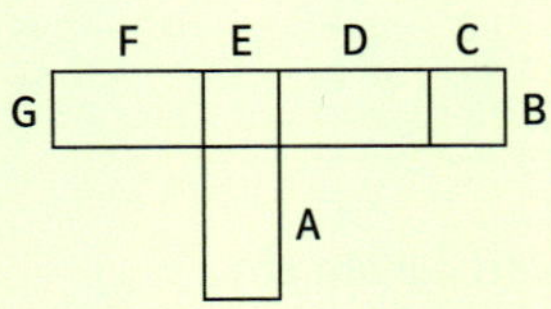

a) Körper: ____________ ____
Kanten: ____________ ____
b) Körper: ____________ ____
Kanten: ____________ ____

3 Kreuze alle richtigen Verbindungen an.

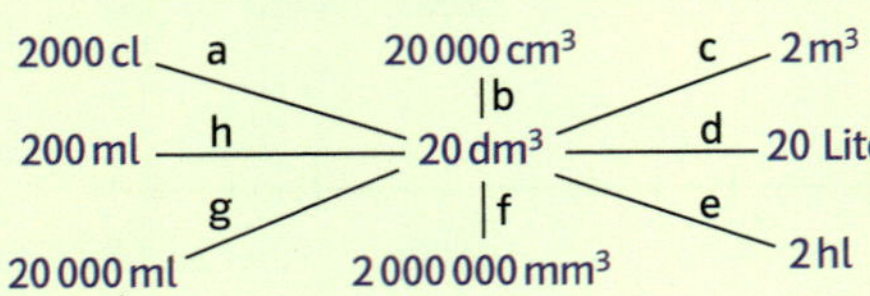

☐ a ☐ b ____
☐ c ☐ d ____
☐ e ☐ f ____
☐ g ☐ h ____

4 Berechne.

a) $150\,cm^3 \cdot 20 - 2\,dm^3$
b) $450\,mm^3 + 5 \cdot 110\,mm^3$
c) $8\,m^3\;50\,dm^3 + 1950\,dm^3$
d) $5\,m^3 : 4 - 50\,dm^3 \cdot 5$

a) ________ b) ________ ____
c) ________ d) ________ ____

5 Eine Großgärtnerei erhält eine Lieferung Blumenerde in einem quaderförmigen Container mit den Kantenlängen 4,00 m; 1,80 m und 2,50 m.
Ein Liter Blumenerde wiegt etwa 0,6 kg.
Berechne das Gewicht der gelieferten Blumenerde.

Gewicht der Erde:
____________ ____

VI Ganze Zahlen

1 Negative Zahlen

Zur Beschreibung von Höhen und Tiefen, Temperaturen unter und über Null, Guthaben und Schulden usw. verwendet man **ganze Zahlen** … −3, −2, −1, 0, +1, +2, +3, … .
Man kann sie auf einer **Zahlengeraden** darstellen.

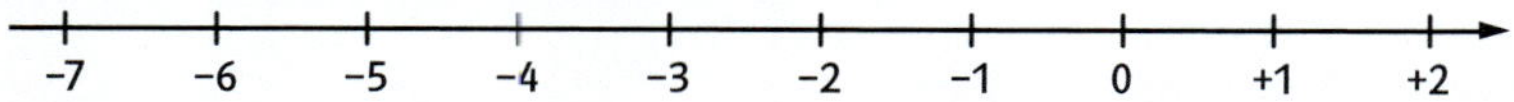

Die Tabelle zeigt die Höchsttemperaturen im Laufe einer Woche.

MO	DI	MI	DO	FR	SA	SO
5°C unter Null	1°C unter Null	7°C unter Null	2°C über Null	2°C unter Null	4°C unter Null	1°C über Null

Schreibt man Temperaturen unter Null mit einem Minuszeichen −5°, −1°, −7°, … und Temperaturen über Null mit einem Pluszeichen +2°, +1°, …, so kann man die Messwerte auf einer Skala eintragen. Für diese Skala benötigt man ca. 10 cm Platz.

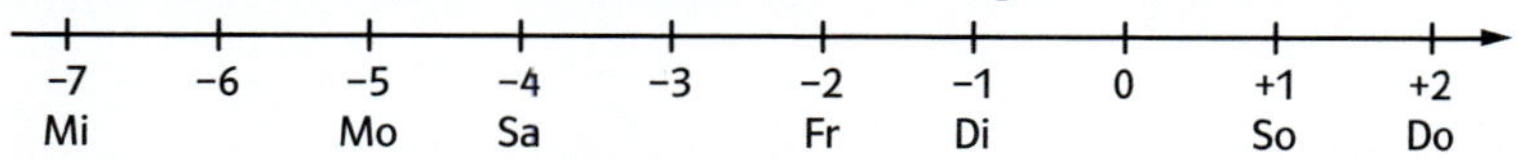

1 Tage auf der Zahlengeraden die fehlenden Zahlen ein.

a)

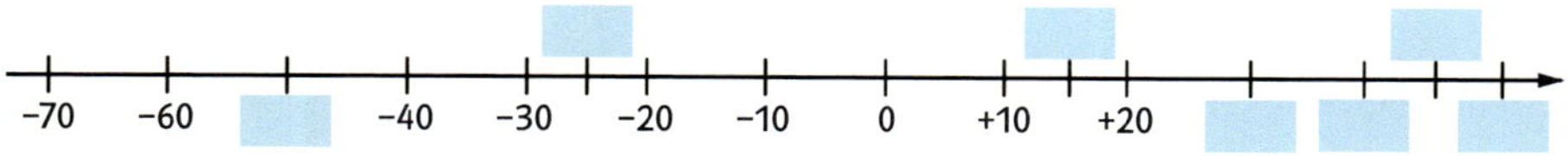

b)

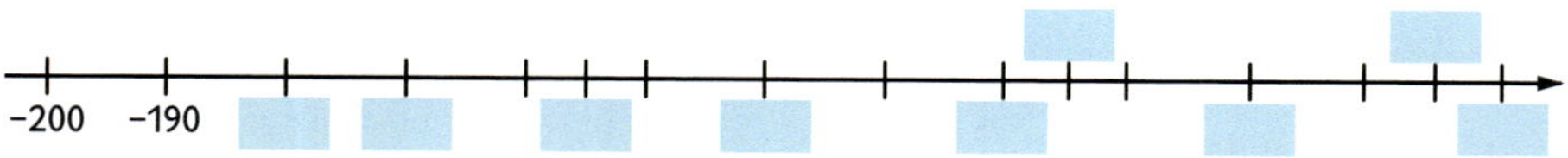

2 Markiere die folgenden Zahlen auf der Zahlengerade. Lege zuerst einen sinnvollen Maßstab fest.

a) −60, −40, −30, −20, −5, +10, +25, +45, +60

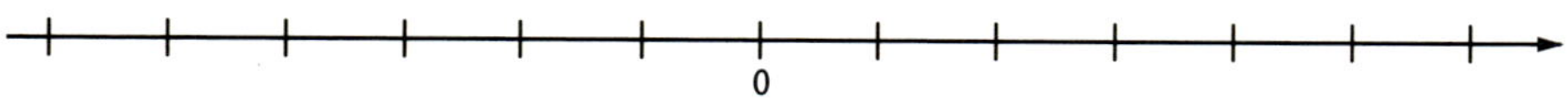

b) −126, −120, −115, −108, −104

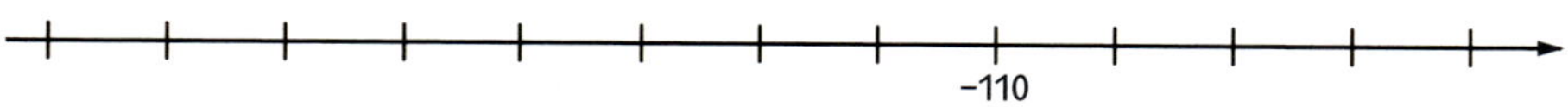

3 Über den Pegelstand des Wassers an einem Hafen gibt es folgende Angaben:

MO	DI	MI	DO	FR	SA	SO
1,00 m über Null	0,45 m über Null	0,30 m unter Null	0,20 m unter Null	0,30 m unter Null	0,35 m über Null	0,90 m über Null

Trage die Messwerte auf dieser Skala ein. Verwende dazu die Vorzeichen + und –.

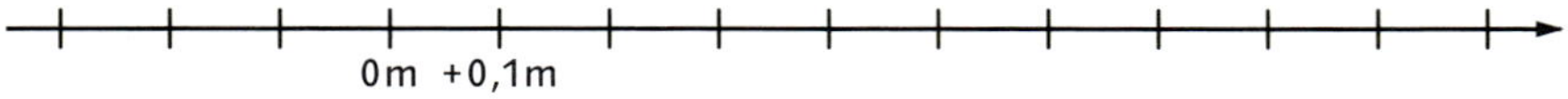

4 Ein Spiel besteht aus einem Spielbrett, einem Würfel und einer Münze mit der Beschriftung „Rechts“ und „Links“. Der Wurf „Links“ „3“ bedeutet, dass man mit einer Spielfigur vom Standpunkt aus um drei Felder nach links rücken muss.

	–9	**–8**	**–7**	**–6**	**–5**	**–4**	**–3**	**–2**	**–1**	**0**	**1**	**2**	**3**	**4**	**5**	**6**	

a) Rolf und Hans erzielen folgende Würfe:

Rolf	Wurf		R5	L6	L6	L2	R4	R4
	Standort	0						
Hans	Wurf		L5	L3	R2	R5	R4	L1
	Standort	0						

Ergänze jeweils den Standort der Spielfigur.
Welche Spielfigur steht näher am Startfeld 0? ______________________

Welchen Wurf muss Hans erzielen, um zu Rolfs Standpunkt zu kommen? __________

b) Rolfs Spielfigur steht auf –14. Nach zwei Würfen steht sie auf –9.
Nenne drei verschiedene Möglichkeiten für seine zwei Würfe.

____

Der Punkt A(−3 | +2) hat eine negative x-Koordinate und eine positive y-Koordinate. Man trägt ihn in ein **Koordinatensystem** ein, indem man von O(0 | 0) aus um 3 Einheiten nach links und um 2 Einheiten nach oben geht.

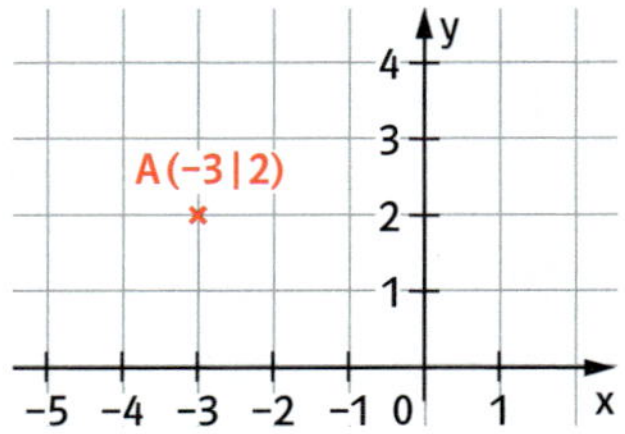

5 a) Lege ein Koordinatensystem an. Trage die Punkte A(−5 | 2), B(−2 | −1), C(1 | 2) ein.
b) Ergänze die Figur zu einem Quadrat. Lies die Koordinaten des Eckpunkts ab.

Eckpunkt D ____________________

6 Zeichne einen Kreis mit Mittelpunkt M(4 | 0) und Radius 3 cm.
a) Der Kreis schneidet die x-Achse in zwei Punkten.

Sie haben die Koordinaten ____

Suche Kreispunkte mit der x-Koordinate 4. Sie haben die y-Koordinaten _________
b) Zeichne eine Gerade durch die Punkte A(1 | 0) und B(4 | 3).

Die Gerade schneidet die y-Achse im Punkt __________________________

7 Trage das Viereck ABCD mit A(−6 | −1), B(0 | −1), C(2 | 1), D(−4 | 1) in ein Koordinatensystem ein.
a) Wie heißt das Viereck? _____________________________
b) Zeichne das Symmetriezentrum des Vierecks ein.

Es hat die Koordinaten _____________________________

Das Viereck hat den Flächeninhalt ____.

2 Anordnung und Betrag

Mit dem Zeichen < bzw. > kann man ganze Zahlen wie −1, −7, 0, −4, +2, +4 **der Größe nach ordnen** und auf einer Zahlengeraden einzeichnen.
Es ist −7 < −4 < −1 < 0 < +2 < +4 .

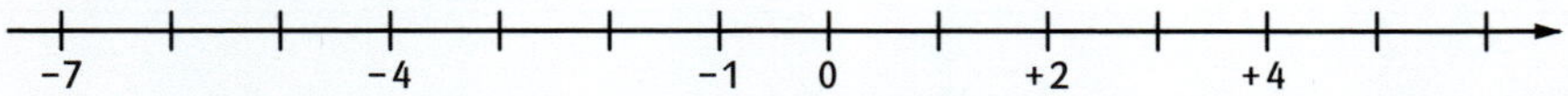

+4 und −4 haben von Null den Abstand 4. Ihr **Betrag** ist jeweils 4. Alle Zahlen, die links von −4 oder rechts von +4 liegen, haben einen Betrag, der größer ist als 4.

1 a) Ordne die Zahlen 11, −6, −12, −1, 8, 10 der Größe nach.
Verwende das Kleinerzeichen <.

____

Trage die Zahlen auf der Zahlengeraden ein:

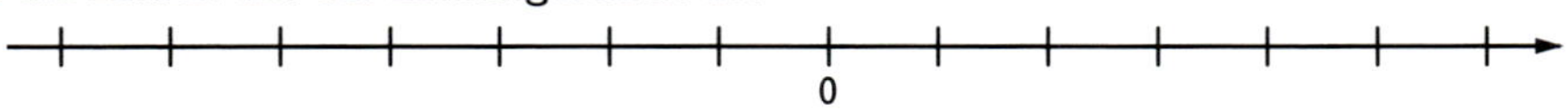

b) Welche Zahl aus a) hat den größten Betrag, welche den kleinsten?

Größter Betrag: ____________________ Kleinster Betrag: ____________________

Man erkennt es an der Zahlengeraden daran, dass

____

____

c) Welche Zahlen aus a) haben einen Betrag, der kleiner ist als 10?

____

Wie kannst du dir das an der Zahlengeraden klar machen?

____

____

d) Welche Zahl liegt in der Mitte von −17 und 9? ____________________

2 Der Abstand zweier Zahlen ist 24. Beide Zahlen liegen auf der Zahlengeraden gleich weit von −5 entfernt.
Zeichne die beiden Zahlen ein und erläutere dein Vorgehen in Worten.

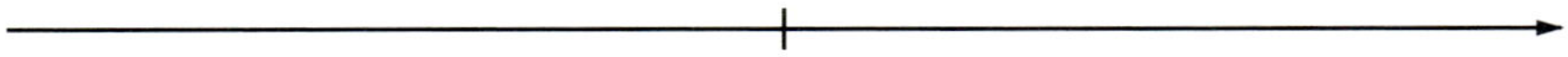

3 Kreuze an, welche Eigenschaften zutreffen.

	15	−15	−13	−3	104
Die Zahl liegt auf der Zahlengeraden links von −4					
Die Zahl ist größer als 13.					
Die Zahl ist durch 4 teilbar.					
Es ist eine natürliche Zahl.					
Der Betrag der Zahl ist größer als 3.					
Der Betrag der Zahl ist kleiner als 20.					

4 Welche Zahlen haben **genau zwei** dieser Eigenschaften? Kreuze an.
- Sie hat von der Zahl 13 den Abstand 17.
- Sie liegt auf der Zahlengeraden links von −1.
- Sie ist eine natürliche Zahl.
- Sie ist größer als −3.
- Ihr Betrag ist kleiner als 3.

☐ +2 ☐ −4 ☐ 30 ☐ −55

3 Zunahme und Abnahme

Zunahmen und Abnahmen kann man mit ganzen Zahlen beschreiben.
Steigt die Temperatur von −3°C auf 2°C, so sagt man:
Die Temperatur nimmt um 5 Grad zu oder die Temperaturänderung beträgt 5 Grad.
Fällt die Temperatur von −5°C auf −11°C, so sagt man:
Die Temperatur nimmt um 6 Grad ab oder die Temperaturänderung beträgt −6 Grad.
Eine Temperaturänderung von −10 Grad liegt z. B. vor, wenn die Temperatur

	von	10°C	auf	0°C	fällt,
oder	von	5°C	auf	−5°C	fällt,
oder	von	25°C	auf	15°C	fällt,
oder	von	−3°C	auf	−13°C	fällt.

1 In einem Wintersportort wird täglich die aktuelle Schneehöhe gemessen.

MO	DI	MI	DO	FR	SA	SO
1,35 m	1,45 m	1,65 m	1,60 m	1,70 m	1,75 m	1,70 m

a) Die Schneehöhe ändert sich von DI auf MI um ________________,

von SA auf SO um ________________.

b) Wann beträgt die Änderung +0,05 m, wann −0,05 m?

+0,05 m: ____________________ −0,05 m: ____________________

2 Ergänze die fehlenden Angaben.

a)

b)
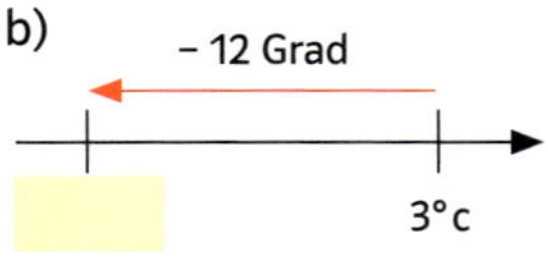

c)
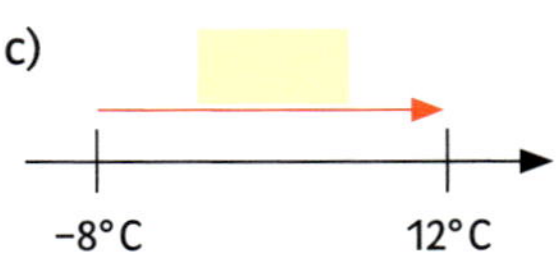

d)
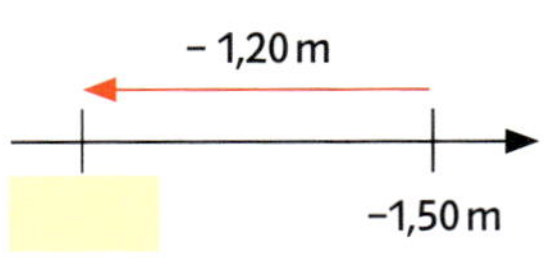

e)
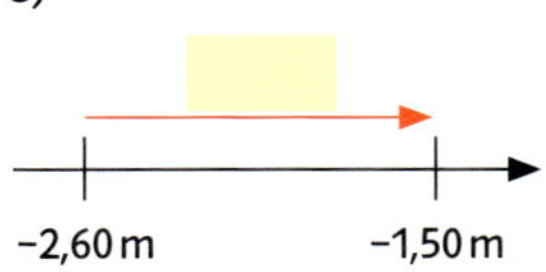

f)
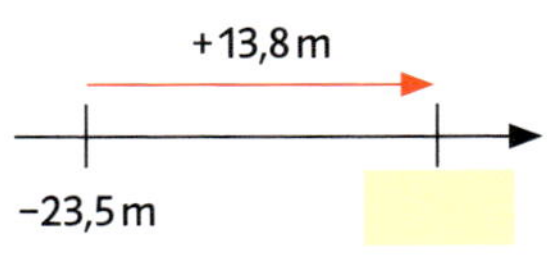

3 Ergänze.

a) Herr Maier hat 2100 € auf dem Konto. Er hebt zunächst 1300 € ab und anschließend noch 2500 €.
Der Kontostand nimmt insgesamt um ___________€ ab. Er beträgt nun ___________€.

b) Tim fährt mit dem Aufzug vom 3. Stockwerk um fünf Stockwerke nach unten, anschließend um sieben Stockwerke nach oben. Er steigt im ________Stockwerk aus.

c) Die Temperatur fällt von 12°C auf −5°C.

Die Temperaturänderung beträgt also __________.

4 Verbinde die Fragen mit der richtigen Lösung.

Die Temperatur stieg zunächst um 8 Grad, dann nahm sie um 11 Grad ab auf −13° C. Welche Temperatur hatte es zu Beginn der Messung? ○

Zunächst zeigte das Thermometer 2° C an. Dann fiel die Temperatur um 13 Grad und stieg dann wieder um 8 Grad. Welche Temperatur zeigte es dann an? ○

Die Temperatur fiel langsam um 8 Grad und dann schnell um 5 Grad auf −21° C. Welche Temperatur zeigte das Thermometer zu Beginn der Beobachtung an? ○

Zunächst zeigte das Thermometer −15° C an. Dann stieg es um 3 Grad und noch einmal um 8 Grad. Wie kalt war es am Ende der Beobachtung? ○

−3° C

−12° C

−8° C

−4° C

−13° C

−10° C

4 Addieren und Subtrahieren einer positiven Zahl

Beim **Addieren einer positiven Zahl** geht man auf der Zahlengeraden **nach rechts**.

Das kennst du schon:

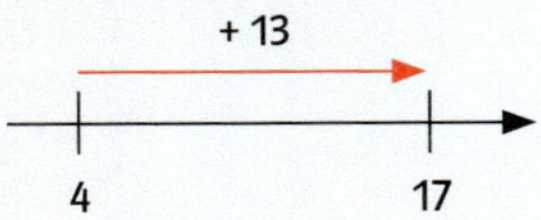

4 + 13 = 17

Das ist jetzt neu:

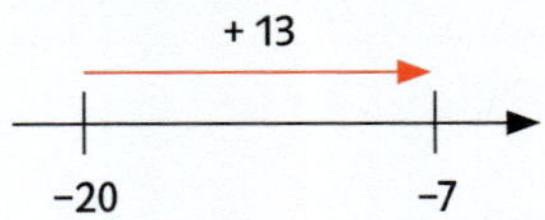

−20 + 13 = −7

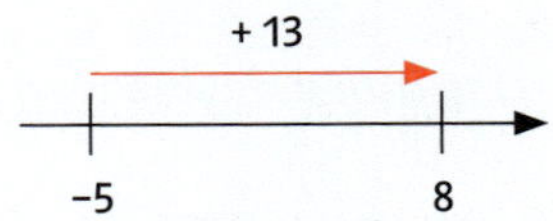

−5 + 13 = 8

Beim **Subtrahieren einer positiven Zahl** geht man auf der Zahlengeraden **nach links**.

Das kennst du schon:

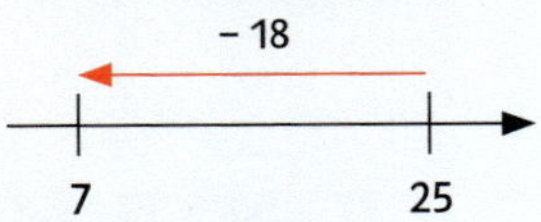

25 − 18 = 7

Das ist jetzt neu:

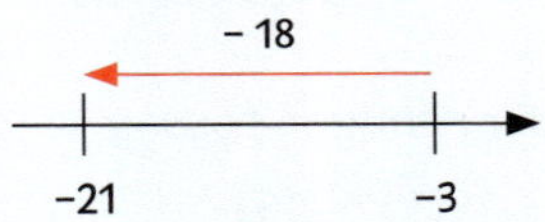

−3 − 18 = −21

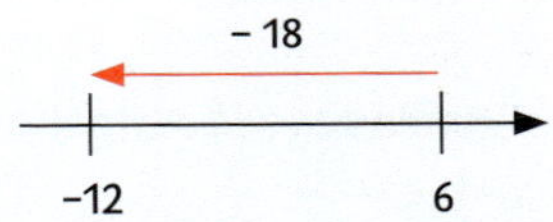

6 − 18 = −12

1 Berechne und ergänze.

a)

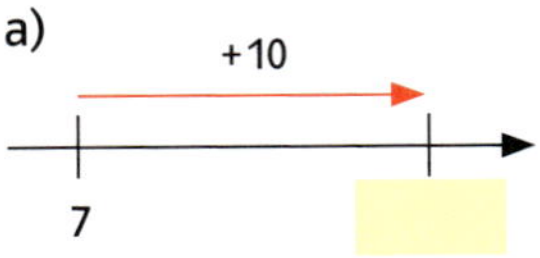

7 + 10 = ________

b)

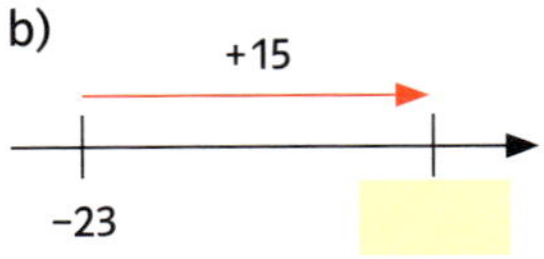

−23 + 15 = ________

c)

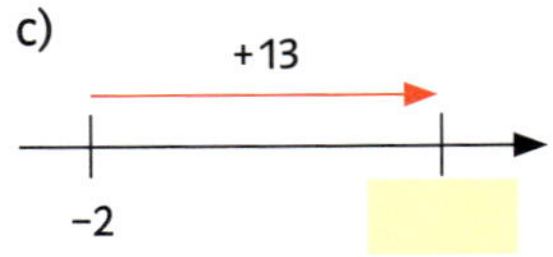

−2 + 13 = ________

d)

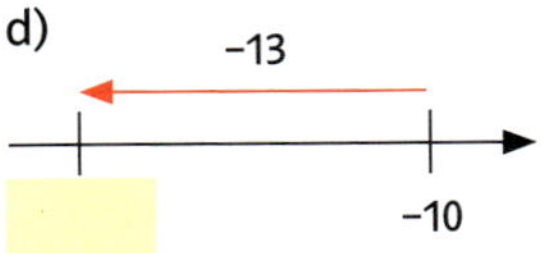

−10 − 13 = ________

e)

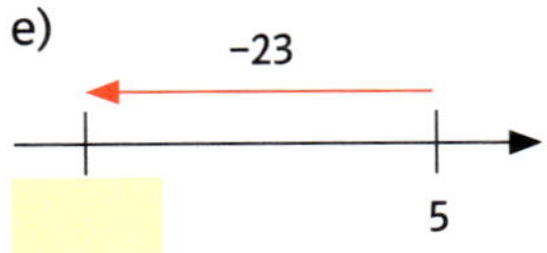

5 − 23 = ________

f)

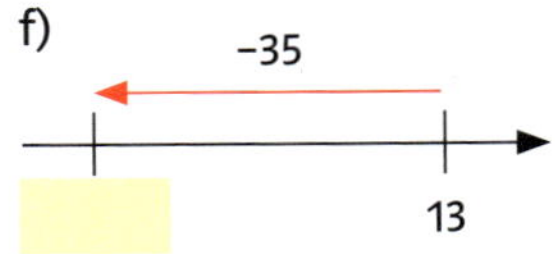

13 − 35 = ________

g)

25 − 31 = ________

h)

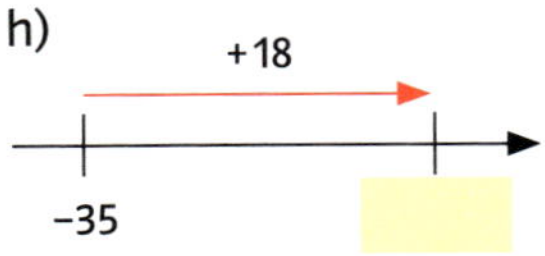

−35 + 18 = ________

i)

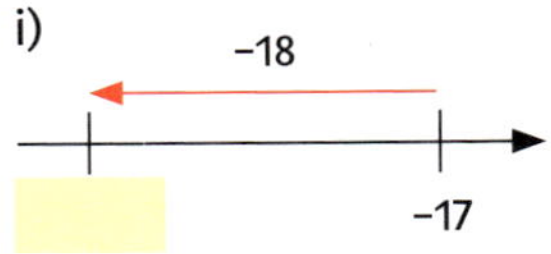

−17 − 18 = ________

2 Berechne.

a) −13 − 28 = ________ b) 13 − 28 = ________ c) −13 + 28 = ________

d) −85 + 86 = ________ e) −85 − 86 = ________ f) 85 − 86 = ________

g) −18 − 18 = ________ h) −110 − 23 = ________ i) −122 + 23 = ________

3 Ergänze die fehlenden Angaben.

TIPP
Überprüfe, ob du die Null überscheitest.

a)
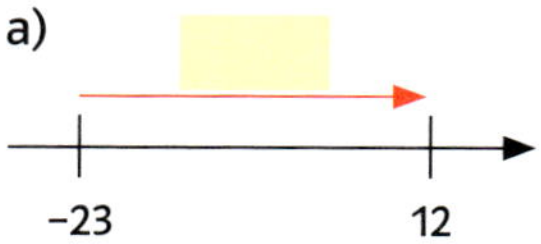

b)

c)
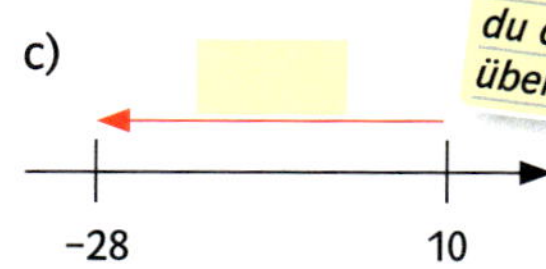

d) 15 − ________ = −33 e) −13 + ________ = 24 f) −23 − ________ = −50

4 Verbinde jede Aufgabe mit der richtigen Lösung.

−23 + 18 100 − 110 −110 + 115 −42 + 57 47 − 52 − 33 + 48

−10 −5 5 10 15

5 Schreibe zuerst einen Rechenausdruck auf und berechne ihn anschließend.
a) Subtrahiere 39 von −119.
b) Bilde die Summe aus −93 und 27.
c) Addiere 37 zur Gegenzahl von −50.

6 Wahr oder falsch? Kreuze an.

	wahr	falsch
−128 + 129 ist positiv		
−37 + 19 ist größer als −17		
23 − 45 ist kleiner als −23 − 45		
Die Summe aus −28 und 95 ist so groß wie die Differenz aus 95 und 28		

7 Schreibe eine Anleitung, wie man −27 + 45 anhand der Zahlengeraden bestimmt, und rechne anschließend.

5 Addieren und Subtrahieren einer negativen Zahl

Beim **Addieren einer negativen Zahl** geht man auf der Zahlengeraden **nach links**.
Es ist also dasselbe wie das **Subtrahieren der Gegenzahl**.

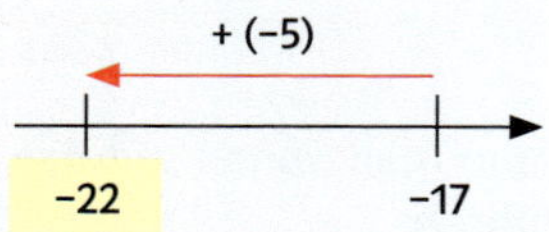

−17 + (−5) = −17 − 5 = −22

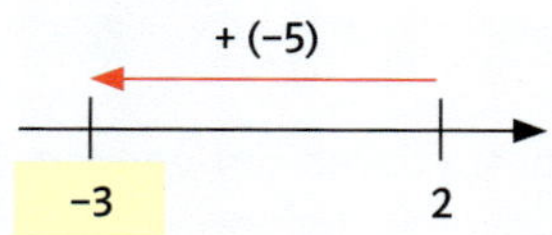

2 + (−5) = 2 − 5 = −3

Beim **Subtrahieren einer negativen Zahl** geht man auf der Zahlengeraden **nach rechts**.
Es ist also dasselbe wie das **Addieren der Gegenzahl**.

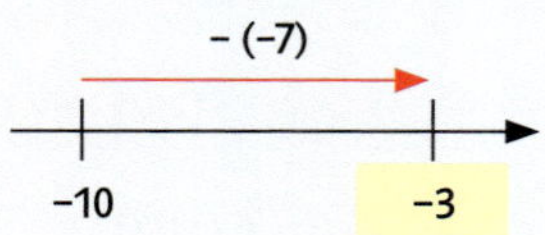

−10 − (−7) = −10 + 7 = −3

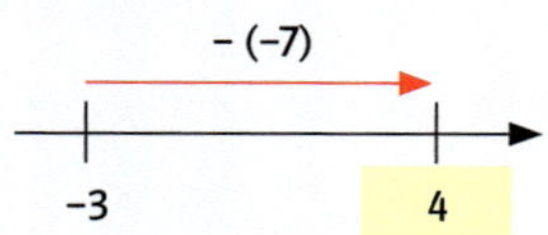

−3 − (−7) = −3 + 7 = 4

1 Schreibe zuerst mithilfe der Gegenzahl. Berechne und ergänze dann.

a)

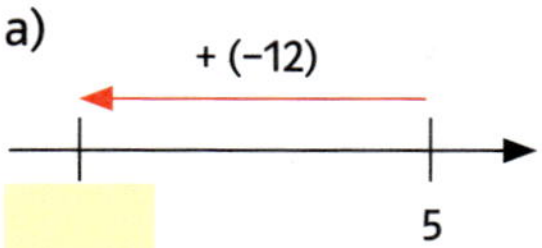

5 + (−12) = 5 − 12 = ________

b)

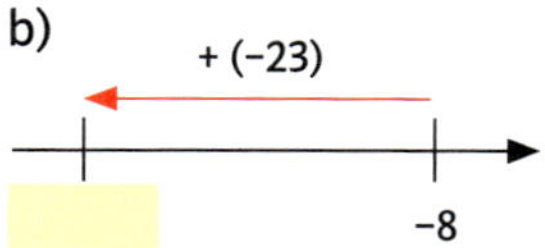

−8 + (−23) = ________

c)

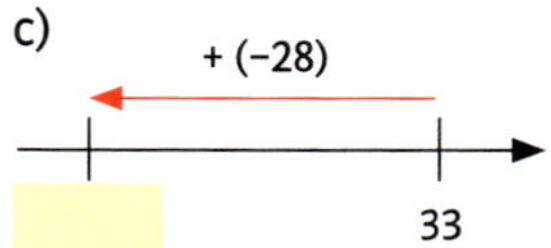

33 +(- 28) = ________

d)

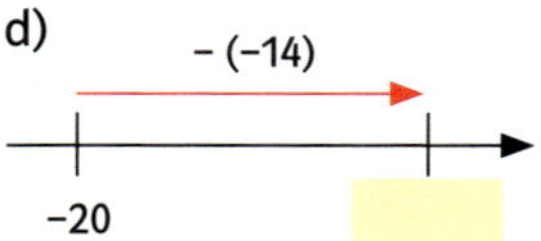

−20 − (−14) = ________

e)

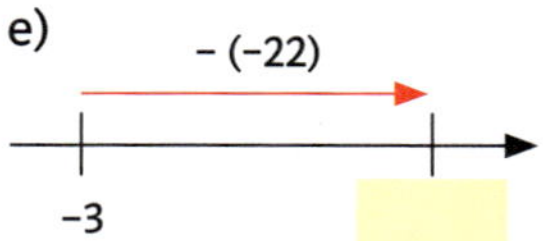

−3 − (−22) = ________

f)

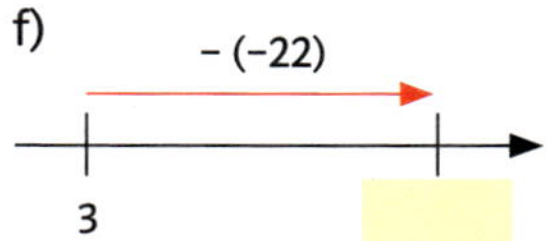

3 − (−22) = ________

g) −25 − (−33) = ________ h) −25 + (−33) = ________ i) 1 + (−33) = ________

2 Schreibe mithilfe der Gegenzahl und berechne.

a) −28 + (− 13) = ______ b) −28 − (−13) = ______ c) 28 + (−13) = ______

d) 28 − (−13) = ______ e) 28 + (−13) = ______ f) 35 + (−38) = ______

g) −35 + (−38) = ______ h) 110 + (−111) = ______ i) 110 − (−111) = ______

Addieren und Subtrahieren der ganzen Zahl +19 oder −19 kann man immer auf **das Addieren und Subtrahieren der natürlichen Zahl 19 zurückführen.**

−17 + (+19) = −17 + 19
−17 − (−19) = −17 + 19
−17 − (+19) = −17 − 19
−17 + (−19) = −17 − 19

17 + (+19) = 17 + 19
17 − (−19) = 17 + 19
17 − (+19) = 17 − 19
17 + (−19) = 17 − 19

3 Berechne.

a) −17 + 15 = ____
−13 + 25 = ____
18 − 25 = ____
−14 − 15 = ____

b) −19 + (−13) = ____
−25 − (+ 12) = ____
21 − (−13) = ____
21 + (+15) = ____

c) 12 − 23 = ____
25 − 38 = ____
3 − (−13) = ____
3 − (+13) = ____

d) 25 + (−31) = ____
24 − (+33) = ____
−15 − (−18) = ____
−17 + (−14) = ____

4 a) −55 − 18 = ____
12 − 33 = ____
−73 + 53 = ____

b) −46 + (−27) = ____
25 − (+43) = ____
28 − (−17) = ____

c) 103 − 193 = ____
−103 − 193 = ____
−103 + 193 = ____

5 Bei welchen Aufgaben erhält man das gleiche Ergebnis?

A −23 + 14
B 23 + 14
C Subtrahiere 14 von 23
D −23 − 14
E 23 − 14
F Subtrahiere −14 von 23
G −23 − (−14)
H 23 − (−14)
I Bestimme den Abstand von −23 und −14
K −23 − (+14)
L 23 − (+14)
M Addiere −14 zu −23
N −23 + (−14)
O 23 + (−14)
Q −23 + (+14)
P Addiere die Gegenzahlen von 14 und 23
R Addiere den Betrag von −14 zu 23

6 Ergänze die fehlenden Angaben.

a) −23 + _____ = −45 b) 17 − _____ = −25 c) _____ + (−16) = 25

7 Setze die passenden Rechenzeichen + oder − ein.

a) 23 ____ 15 = −9 ____ 17 b) −13 ____ 14 = 10 ____ 9 c) 18 ____ (−19) = −55 ____ 92

Ganze Zahlen kann man auch **mit dem Taschenrechner** addieren und subtrahieren. Überprüfe dazu, ob dein Taschenrechner für das Vorzeichen „−“ eine gesonderte Taste hat.
Bei manchen Taschenrechnern muss man vor der Verwendung zuerst die Schreibweise
−106 − (+233) oder −106 − (−233) vereinfachen:
−106 − (+233) = −106 − 233 bzw. −106 − (−233) = −106 + 233

8 Berechne mit dem Taschenrechner.

a) −203 + 997 = ______ b) −879 − 587 = ______ c) −107 + (−497) = ______

d) −997 − (+373) = ______ e) 237 + (−193) = ______ f) 1002 − 10 002 = ______

g) −3333 − 1234 = ______ h) +2777 − (+77 677) = ______

9 a) Addiere 1002 zu ihrer Gegenzahl. ______

b) Subtrahiere 1002 von ihrer Gegenzahl. ______

c) Addiere −265 zur kleinsten dreistelligen ganzen Zahl. ______

d) Addiere die Beträge der Zahlen −1231 und 1231. ______

10 Hier siehst du den Kontoauszug der Firma Knausrig. Ergänze die fehlenden Angaben.

Alter Kontostand: +23 576,73 €			
Datum	**Belastung**	**Gutschrift**	**Neuer Kontostand**
7.3.	45 317,50 €		
10.3.	619,27 €		
12.3.		18,75 €	
15.3.	6723,18 €	13,85 €	
20.3.		5621,20 €	
25.3.	38 729,56 €	20 621,00 €	
27.3.	731,53 €	12 713,00 €	
31.3.	13,75 €	26,18 €	

6 Verbinden von Addition und Subtraktion

Vor dem Berechnen eines Rechenausdrucks prüft man, ob eine **Klammer** vorhanden ist.

1. Rechenausdruck mit Klammern: Zuerst die Klammer berechnen.

$$
\begin{aligned}
& -13-(-25+18) \\
=& -13-(-7) \\
=& -13+7 \\
=& -6
\end{aligned}
$$

2. Rechenausdruck ohne Klammer: Von links nach rechts rechnen.

$$
\begin{aligned}
& -25-16+28 \\
=& -41+28 \\
=& -13
\end{aligned}
$$

1 Berechne.

a) (17 − 25) + 38 = ____________

b) 24 − (−5 + 13) = ____________

c) (−13 + 8) − (10 − 29) = ____________

d) (−13 + 8) − (10 + 29) = ____________

e) −5 + 18 − 23 = ____________

f) 50 − 53 − 14 + 9 = ____________

g) −3 − 14 − 19 = ____________

h) −8 − 13 + 9 + 17 = ____________

2 Welche Rechenausdrücke liefern dasselbe Ergebnis?

A −13 − 9 + 21 = ____________

B −9 + 60 − 50 = ____________

C (−11 + 22) − (−20 + 30) = ____________

D (−120 + 51) + 68 = ____________

E (28 − 38) + 11 = ____________

F 9 − 60 + 50 = ____________

G (28 − 43) + (−3 + 17) = ____________

H 50 − 60 + 9 = ____________

I 13 + 9 − 21 = ____________

A ____________________

B ____________________

Vertauscht man im Rechenausdruck 25 − 49 + 5 **die Reihenfolge**, so entsteht ein **Rechenvorteil:**

$$25 - 49 + 5 = 25 + 5 - 49 = 30 - 49 = -19$$

Beim Vertauschen muss man die Plus- und Minuszeichen mitnehmen.

3 Vertausche die Reihenfolge so, dass ein Rechenvorteil entsteht.

a) 18 − 31 + 22
b) −27 + 30 − 3
c) −43 + 18 − 17 + 12
d) 15 − 33 + 35 − 18 + 170

Oft benötigt man **mehrere Rechenregeln**. Z. B.:

(− 17 + 52) + (23 − 41) − 5	Klammern zuerst berechnen
= 35 + (−18) − 5	
= 35 − 18 − 5	Reihenfolge vertauschen
= 35 − 5 − 18	Von links nach rechts rechnen
= 30 − 18	
= 12	

4 Wende nun mehrere Rechenregeln an.

a) (− 13 + 15) − 28 + 15
b) −27 + 35 − (45 + 15) − 3
c) −16 + (− 26 + 5) − (−15 + 31)

5 Je zwei Rechenausdrücke gehören zusammen. Verbinde sie.

5 − (17 − 13) −20	5 + 16
(5 − 17) − 13 − 20	5 − 17 + 7
5 − 17 − (13 − 20)	−25 − 20
5 − (17 − 13 − 20)	1 − 20

6 Welcher Text gehört zu welchem Rechenausdruck?

A Subtrahiere die Summe der Zahlen 17 und 24 von der Differenz der Zahlen 28 und 34.
B Addiere die Differenz der Zahlen 17 und 24 zur Summe der Zahlen 28 und 34.
C Subtrahiere von der Summe der Zahlen 17 und 24 die Differenz der Zahlen 28 und 34.

(I) (28 + 34) + (17 − 24)
(II) (17 + 24) − (28 − 34)
(III) (17 − 24) + (28 − 34)
(IV) (28 − 34) − (17 + 24)

7 Berechne mit dem Taschenrechner.

a) −112 − (266 − 1110) + 322 = ________
b) (−112 − 266) − (1110 + 322) = ______
c) −112 − 266 − 1110 + 322 = ______
d) − 322 − 266 − 1110 + 112 = ______

7 Multiplizieren von ganzen Zahlen

Beim **Multiplizieren** von ganzen Zahlen muss man die Vorzeichenregeln wissen.

$7 \cdot 12 = 84$	+ mal + gibt +	$7 \cdot (-12) = -84$	+ mal − gibt −
$-7 \cdot (-12) = 84$	− mal − gibt +	$-7 \cdot 12 = -84$	− mal + gibt −

1 Berechne.

a) $6 \cdot (-9) =$ ______ b) $-8 \cdot 8 =$ ______ c) $-5 \cdot (-6) =$ ______

d) $-8 \cdot (-12) =$ ______ e) $6 \cdot (-15) =$ ______ f) $-5 \cdot (-16) =$ ______

g) $-9 \cdot (-7) =$ ______ h) $-5 \cdot 3 =$ ______ i) $-4 \cdot (-15) =$ ______

2 Berechne.

a) $10 \cdot (-100) =$ ______ b) $-130 \cdot (-1000) =$ ______ c) $-10\,000 \cdot (-1) =$ ______

3 a) Bilde das Produkt aus −15 und −5. ______

b) Das Produkt zweier Zahlen ist −39. Nenne mögliche Faktoren. ______

c) Multipliziert man −7 mit einer Zahl, so erhält man 84. Wie heißt die Zahl? ______

4 Ergänze die fehlenden Angaben.

a) $-13 \cdot (-5) =$ ______ b) ______ $\cdot (-11) = -77$ c) $-15 \cdot$ ______ $= 75$

5 Berechne.

a) $-1 \cdot (-1) \cdot (-1) =$ ____ b) $-2 \cdot (-2) \cdot (-2) =$ ____ c) $-13 \cdot 0 \cdot 7 =$ ____ d) $3 \cdot 3 \cdot (-3) =$ ____

$1 \cdot 1 \cdot (-1) =$ ____ $-2 \cdot (-2) \cdot 2 =$ ____ $13 \cdot (-1) \cdot 7 =$ ____ $3 \cdot 1 \cdot 0 =$ ____

6 Was gehört zusammen? A $3 \cdot (-16)$

A $3 \cdot (-16)$ **B** $12 \cdot 4$ **C** $-2 \cdot (-24)$ **D** $-24 - 24$ **E** $8 \cdot 6$ **F** -48 **G** $2 \cdot 2 \cdot 2 \cdot 2 \cdot 3$

H $-4 \cdot 12$ **K** $-3 \cdot (-16)$ **L** $-22 + 70$ **M** $(-16) + (-16) + (-16)$ **N** 48

A ______ B ______

8 Dividieren von ganzen Zahlen

Beim **Dividieren** von ganzen Zahlen muss man die Vorzeichenregeln wissen.
Beispiel:

46 : 7	= 6	+ durch + gibt +	46 : (−7)	= 6	+ durch − gibt −
−46 : (−7)	= 6	− durch − gibt +	−46 : 7	= −6	− durch + gibt −

1 Berechne.

a) 12 : (−3) = ________ b) −55 : (−11) = ________ c) −49 : (−7) = ________

d) 36 : (−12) = ________ e) −105 : 15= ________ f) 84 : (−12) = ________

g) 110 : 10 = ________ h) −68 : 17 = ________ i) −100 : 100 = ________

2 Ergänze.

a) 56 000 : 100 = ________ b) −56 000 : 100 = ________ c) 5 600 : 100 = ________

d) −5600 : (−100) = ________ e) 560 · (−100) = ________ f) −56 · (−100) = ________

3 Berechne 132 : 12 = ______
Beantworte ohne weitere Rechnung:

a) −132 : 12 = ________ b) 132 : (−12) = ________ c) −132 : (−12) = ________

d) −132 : ________ = −12 e) 12 · ________ = −132

4 Welche Zahl ist die größte?

−600 · 30 6000 : 30 −600 · (−30) 600 − 30

Lösung: ________________

5 Verbinde die Rechnung mit dem richtigen Ergebnis.

−5 + 25	−5 − 25	−5 · (−25)	−5 · 25	0 · 25	1 · 25	25 : (−5)	−25 : (−5)
−30	−125	5	20	0	125	25	−5

6 Fülle die Tabelle aus.

		Summe	Differenz	Produkt	Quotient
32	4	36			
−45	9				
−30	−6				
48	−4				

7 Ergänze die fehlenden Zahlen.

x	y	x + y	x − y	x·y	7·y	y·y
3	−19					
−21	−5					

8 Berechne mit dem Taschenrechner.

a) 879·(−65) = ____________

b) −257·(−102) = ____________

c) −8680 : 248 = ____________

d) −277 386 : (−557) = ____________

e) 75·(−705) = ____________

f) −8817·81 = ____________

TIPP *Benutze die Vorzeichentaste.*

9 a) Bilde das Produkt aus 123 und −13. ____________

b) Berechne den Quotienten aus 6875 und −125. ____________

c) Bilde das 13fache von −156. ____________

10 a) Multipliziert man −16 mit einer Zahl, so erhält man −1408. Wie heißt die Zahl?

____

b) Dividiert man 24 676 durch eine Zahl, so erhält man −199. Wie heißt die Zahl?

____

c) Das Produkt zweier Zahlen ist 726. Ein Faktor ist −33. Wie heißt der andere Faktor?

____

9 Verbindung der Rechenarten

Im Rechenausdruck **$-13 + 8 \cdot (-9)$**
kommt eine **Strichrechung** „+“ und eine **Punktrechnung** „·“ vor.
Man muss zuerst die Punktrechnung durchführen:

$-13 + 8 \cdot (-9) = -13 + (-72) = -85$

Punktrechnung vor Strichrechnung!

$15 \cdot 3 - 3 \cdot (-2) = 45 - (-6) = 51$ Zuerst multiplizieren, dann subtrahieren.
$25 : 5 - 18 \cdot 3 = 5 - 54 = -49$ Zuerst multiplizieren und dividieren, dann subtrahieren.

Strichrechnungen sind „plus +“ und „minus –„
Punktrechnungen sind „mal ·“ und „geteilt :“

1 Berechne.

a) $-6 \cdot 8 - 9 =$ ____________
b) $8 \cdot (-9) + 25 =$ ____________
c) $25 : (-5) + 13 =$ ____________
d) $-24 + (-48) : (-6) =$ ____________
e) $7 \cdot 5 - 5 =$ ____________
f) $3 \cdot 9 + 8 \cdot 9 =$ ____________
g) $12 \cdot (-4) - 12 : (-4) =$ ____________
h) $-8 \cdot 3 - 8 \cdot 3 =$ ____________

2 a) $-15 : 15 + 1 =$ ____________
b) $250 : (-25) + 10 =$ ____________
c) $8 \cdot (-7) - 1 : (-1) =$ ____________
d) $0 : (-7) + 13 =$ ____________

3 a) Addiere 15 zum Produkt aus –7 und 13. ____________
b) Subtrahiere 15 vom Quotienten aus 75 und –5. ____________
c) Addiere das Produkt aus 7 und –9 zum Produkt aus –8 und –15.

____

d) Subtrahiere 23 vom Produkt der Zahlen –6 und 12.

____

e) Subtrahiere das Produkt aus 12 und –9 vom Quotienten aus 63 und –21.

____

4 Suche den Fehler.

a) $-13 \cdot 5 + 18 = 83$ Richtig: ______

b) $8 \cdot 6 - 6 \cdot 5 = 0$ Richtig: ______

5 Ergänze die fehlende Zahl.

a) $13 + 8 \cdot$ ____ $= -3$

b) $-2 \cdot$ ____ $+ 23 = 13$

c) $2 \cdot (-9) - 8 \cdot$ ____ $= -58$

d) $56 : (-7) -$ ____ $= -24$

e) ____ $: 5 - 23 = -14$

f) $120 :$ ____ $- 35 = -32$

6 Bei welcher Rechnung erhältst du das gleiche Ergebnis?
Markiere jeweils mit gleicher Farbe.

$-26 : 13 + 4$ | $10 - 23 + 11$ | $2 - 2 \cdot 2$ | $2 \cdot 2 - 2$ | $6 \cdot 13 - 8 \cdot 13$

$102 : 51 - 2 \cdot 2$ | $9 \cdot 18 - 7 \cdot 18$ | $4 \cdot 4 - 2 \cdot 2 \cdot 2 \cdot 2 - 2$ | $3 \cdot 9 - 29$

Im Rechenausdruck $15 \cdot (7 - 13) + 25$ kommt eine **Klammer** vor.
Sie muss zuerst berechnet werden:

$$\begin{aligned} & 15 \cdot (7 - 13) + 25 && \text{Klammer zuerst,} \\ = {} & 15 \cdot (-6) + 25 && \text{dann Punktrechnung,} \\ = {} & -90 + 25 && \text{zuletzt Strichrechnung.} \\ = {} & -65 \end{aligned}$$

Kurz: „Klammer vor Punkt vor Strich!"

$$\begin{aligned} & 5 \cdot 8 - (9 + 13) \cdot 2 && \text{Klammer vor} \\ = {} & 5 \cdot 8 - 22 \cdot 2 && \text{Punkt vor} \\ = {} & 40 - 44 && \text{Strich} \\ = {} & -4 \end{aligned}$$

$$\begin{aligned} & -3 \cdot (6 - 3 \cdot 9) \\ = {} & -3 \cdot (6 - 27) \\ = {} & -3 \cdot (-21) \\ = {} & 63 \end{aligned}$$

Achtung: In der Klammer steht ein Produkt.
Das muss zuerst berechnet werden.

7 Berechne und achte auf die unterschiedliche Reihenfolge.

a) $(2 - 7) \cdot 8$ __________

$2 - 7 \cdot 8$ __________

b) $-5 \cdot (2 + 3 \cdot 8)$ __________

$-5 \cdot 2 + 3 \cdot 8$ __________

$-5 \cdot (2 + 3) \cdot 8$ __________

8 Berechne.

a) $6 \cdot (-12 + 8) =$ __________

b) $-4 \cdot (12 - 15) =$ __________

c) $(8 - 13) \cdot 5 =$ __________

d) $(-9 + 8) \cdot (-3) =$ __________

e) $-5 + (7 + 12) \cdot 3 =$ __________

f) $(8 - 6) \cdot 8 + 13 =$ __________

g) $5 - (9 - 13) + 8 =$ __________

h) $6 \cdot 5 \cdot (15 - 19) =$ __________

9 a) $4 \cdot 12 - (12 + 13) \cdot 3$

____

b) $2 \cdot 7 - 4 \cdot (-3 + 13)$

____

c) $4 \cdot 3 - (8 - 15) \cdot (-10)$

____

d) $(-3 + 7) \cdot 11 + 3 \cdot (2 - 13)$

____

e) $5 \cdot (2 - 15) - (8 + 1) \cdot 5 =$

____

f) $6 \cdot (8 - 9 + 3 \cdot 2) - 5 \cdot 7$

____

10 Fülle die Tabelle aus.

x	y	8·(x + y)	8·x + y
5	7		
−5	7		
−5	−7		

11 Zwei gehören zusammen. Finde sie heraus.

A gehört zu _____ B gehört zu _____ C gehört zu _____ D gehört zu _____
Berechne anschließend den Rechenausdruck.

In Worten	Rechenausdruck	Berechnung
A Addiere zum Doppelten von −13 das Fünffache von 8.	(I) (2 + 8)·(−13)	
B Verdopple die Summe aus −13 und 5 und addiere anschließend 8.	(II) −13·8·(2 + 5)	
C Multipliziere das Produkt der Zahlen −13 und 8 mit der Summe der Zahlen 2 und 5.	(III) −13·2 + 5·8	
D Multipliziere die Summe 2 und 8 mit −13.	(IV) (−13 + 5)·2 + 8	

12 Berechne mit dem Taschenrechner.

a) 254·111 − (222 + 210)·15 = ______________________

b) 17·43 − (201 −105)·(−23) = ______________________

c) (−55 + 207)·11 + 14·(35 − 104) = ______________________

Test Nr. 1

Schreibe die Lösung in das dunkle Feld. Kontrolliere anschließend deine Lösungen.
Schreibe ein „r", wenn du die Aufgabe richtig gelöst hast.
Schreibe ein „f", wenn du die Aufgabe falsch gelöst hast.

Aufgabe		r/f
1 a) Ordne die Zahlen 5, −8, −20, 7, 0, −17 der Größe nach. Verwende das <-Zeichen.	a) ________	____
b) Welche Zahl aus a) hat den größten Betrag, welche den kleinsten?	b) ________	____
c) Welche Zahlen aus a) haben einen Betrag, der kleiner ist als 9?	c) ________	____
d) Wie groß ist die Summe aller Zahlen aus a)?	d) ________	____
e) Wie groß ist das Produkt aller Zahlen aus a)?	e) ________	____
2 a) Herr Knausrig hat im Februar 5800 € auf dem Konto. Er zahlt zunächst 950 € ein und hebt kurz danach 4700 € ab. Wie hoch ist nun sein Kontostand?	a) ________	____
b) Anfang Mai zahlt er nacheinander 670 € ein und kurz danach 1580 €. Er hat dann 1200 € Guthaben. Wie hoch war sein Kontostand vor den beiden Einzahlungen?	b) ________	____
c) Anfang Juli hat er ein Guthaben von 1580 €. Nach einem Einkauf im Möbelhaus weist sein Konto ein Soll von 270 € auf. Wie hoch war die Rechnung im Möbelhaus?	c) ________	____
3 Welche Zahl steht im Kästchen?		
a) $-13 + 28 = \square$ e) $-12 - 17 + 19 = \square$	a) ____ b) ____	____
b) $-23 - 25 = \square$ f) $15 - (-13 + 15) = \square$	c) ____ d) ____	____
c) $-12 \cdot (-8) = \square$ g) $3 \cdot (-15 + 12) = \square$	e) ____ f) ____	____
d) $-64 : 8 = \square$ h) $(-13 + 25) : (9 - 13) = \square$	g) ____ h) ____	____
4 Setze das passende Rechenzeichen + oder − ein.		
a) 15 ____ 25 = −10 d) −8 ____ 7 ____ −5 = −20	a) ____ b) ____	____
b) −15 ____ −25 = −40 e) 13 ____ 23 ____ −10 = −20	c) ____ d) ____	____
c) −15 ____ −13 = −2 f) (−5 ____ 8) ____ 3 = 0	e) ____ f) ____	____

Test Nr. 2

Schreibe die Lösung in das dunkle Feld. Kontrolliere anschließend deine Lösungen.
Schreibe ein „r“, wenn du die Aufgabe richtig gelöst hast.
Schreibe ein „f“, wenn du die Aufgabe falsch gelöst hast.

Aufgabe	Lösung	r/f
1 Auf welche Zahlen zeigen die Pfeile? 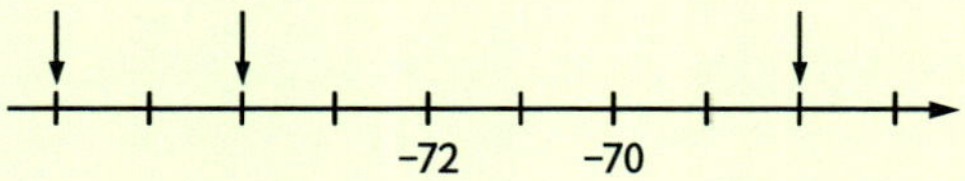 	______	______
2 a) Welche Zahl ist um 8 größer als −23?	a) ______	______
b) Welche Zahl ist um 8 kleiner als −23?	b) ______	______
c) Welche Zahl ist um 55 kleiner als 3?	c) ______	______
3 Welche Aussagen sind wahr? a) $879 > -890$ b) $-156 < -157$ c) $-1000 < -999$	☐ a) ☐ b) ☐ c)	______
4 a) Wie viele ganze Zahlen liegen zwischen −18 und 12?	a) ______	______
b) Wie viele ganze Zahlen liegen zwischen −29 und −18?	b) ______	______
5 Wahr oder falsch? a) −179 liegt auf der Zahlengeraden links von −187.	a) ______	______
b) Der Betrag der Zahl −13 ist kleiner als −7.	b) ______	______
c) 13 ist eine ganze Zahl.	c) ______	______
d) Beim Addieren einer ganzen Zahl geht man auf der Zahlengeraden nach rechts.	d) ______	______
6 Berechne. a) $15 - 23$ b) $-17 - 33$ c) $-18 - (-13)$	a) ____ b) ____ c) ____	______
d) $6 + (-6)$ e) $15 \cdot 10^2$ f) $10^3 : (-10)$	d) ____ e) ____ f) ____	______
g) $10\,000 : (-10)$ h) $-200 : (-20)$	g) ____ h) ____	______
7 Berechne. a) $(-6 - 34) : 5 - (-20 + 12)$	a) ______	______
b) $8 \cdot (3 \cdot 2 - 9) - 15$	b) ______	______

I Natürliche Zahlen

1 Zählen und Darstellen

1
325; 6991; 70 707

2
Vierhundertneunundsechzig; dreitausendeinhundertundneunzig;
achtundsechzigtausendunddreiundneunzig.

3
A und F; B und E; C und G; D und H

4
4099 < 4109; 12 345 > 8989; 1221 > 1212;
40 909 > 40 099

5
1100; 11 999; 90 501

6
4589 < 4590 < 4591 < 4592 < 4593

7
Tausend; Zehntausend; Zehn

8
3; 9

9
999; 100; 102; 1035; 999 888

2 Große Zahlen

1
A und C und E.

2

10	10^1	zehn
100	10^2	hundert
1000	10^3	tausend
10 000	10^4	zehntausend
100 000	10^5	hunderttausend
1 000 000	10^6	eine Million
10 000 000	10^7	zehn Millionen
100 000 000	10^8	hundert Millionen
1 000 000 000	10^9	eine Milliarde
10 000 000 000	10^{10}	zehn Milliarden
100 000 000 000	10^{11}	hundert Milliarden
10 000 000 000 000	10^{12}	eine Billion

3
1 000 000 < 1 Milliarde; 10^7 > hunderttausend;
1 Million = 10^6; 10^3 = eintausend;
100 000 000 < 10^9; 10^9 = 1 Milliarde

4
4700; 51 000; 11 000; 400 000.

5
370; 45 100; 45 000; 2 080 000.

6
A und B und D.

7
9 €; 233 €

8

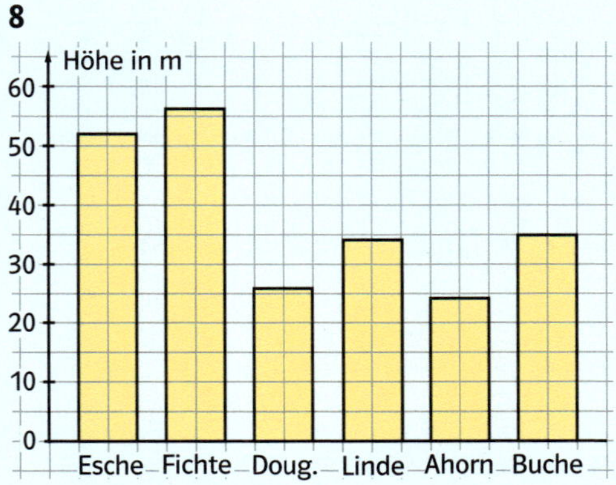

Lösungen

9

gerundet auf 10 kg: Reh 50 kg; Elch 810 kg; Leopard 80 kg; Delphin 210 kg; Seehund 100 kg; Gorilla 270 kg

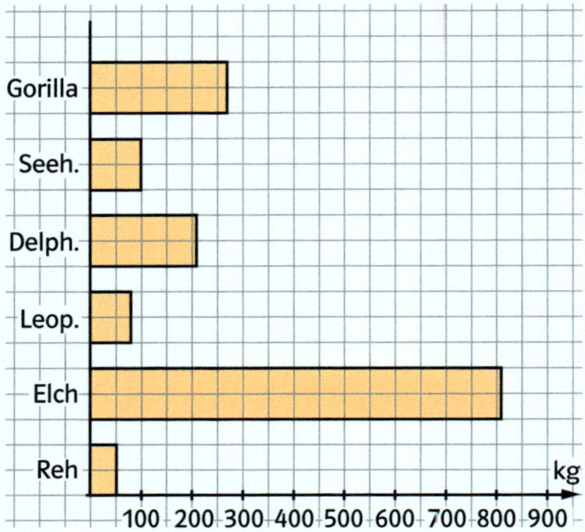

10

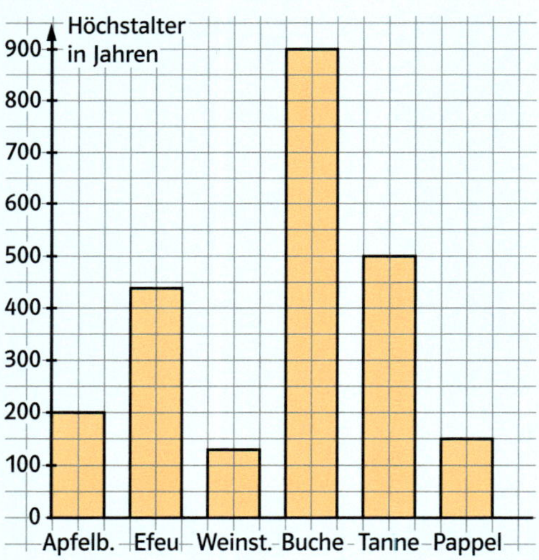

3 Rechen mit natürlichen Zahlen

1

27; 27; 44; 44; 79; 120; 110; 129

2

9; 12; 30; 0; 35; 67; 4; 27

3

11; 15; 12; 41; 32; 4; 59; 72

4

22; 123; 277; 120

5

Summe; Differenz; subtrahieren; addieren

6

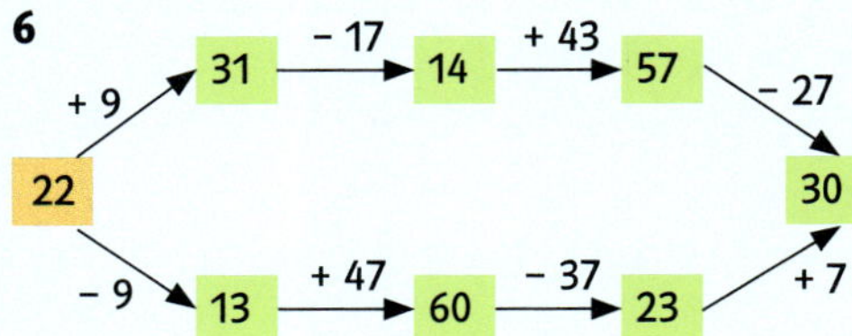

7

30; 36; 36; 110; 56; 63; 78; 108

8

3; 2; 4; 6; 3; 4; 4; 9

9

5; 6; 28; 3; 6; 10; 80; 3

10

96; 4; 150; 9

11

Produkt; Quotient; multiplizieren; dividieren

12

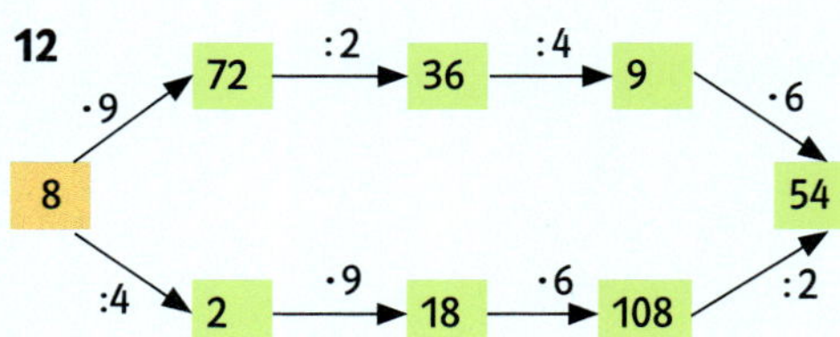

13

Rechnung: 37 − 23	Ergebnis: 14
Rechnung: 55 : 11	Ergebnis: 5
Rechnung: 71 − 46	Ergebnis: 25
Rechnung: 38 : 2	Ergebnis: 19

14

15; 30; 7; 24

15

7; 21 8; 7 4; 7

16
24

17
22

18
30 , 10 , 40 , 20 , 200.

4 Größen messen und schätzen

1
2 m ; 2 km ; 3 dm ; 1 mm ;
4 m ; 100 m

2

20 cm	~~5 m~~
~~20 cm~~	1 m
~~2 km~~	6 m
15 mm	~~1 dm~~

3
80 kg ; 50 g ; 1 kg ; 500 g ;
20 t ; 5 kg

4

~~20 t~~	300 kg
~~600 g~~	60 kg
~~1 mg~~	1 g
200 g	~~2 t~~

5
90 min ; 14 s ; 7 d ; 2 min ;
45 min ; 8 h

6

40 min	~~2 s~~
1 h	~~1 d~~
1 s	~~1 min~~

5 Mit Größen rechnen

1
30; 2000; 8; 800; 70 000; 4; 5; 2000

2
cm; cm; cm; m; mm; mm; km; dm

3
300 m < 3 km; 250 cm < 5 m;
110 dm = 11 m; 55 mm > 5 cm.

4
6; 80; 10; 2; 4; 100

5
4000; 7000; 80 000; 2000;
20 000; 4; 50; 1040

6
g; g; t; kg; g; mg; g; kg

7
30 kg > 4000 g; 2 kg > 200 g;
20 t = 20 000 kg; 5 kg < 50 000 g.

8
1500; 8; 5800; 2; 80; 100

9
300; 2; 120; 72; 180; 10; 10; 2.

10
300 s > 3 min; 2 d < 50 h;
111 ct < 11 €; 5 h < 500 min.

11
112; 2; 34; 2; 12; 6

12
1 h 35 min; 5 h 10 min; 14 h 30 min

Lösungen

6 Größen mit Komma

1
5,7 m = 57 dm = 570 cm = 5700 mm
0,69 m = 6,9 dm = 69 cm = 690 mm
0,08 m = 0,8 dm = 8 cm = 80 mm
0,023 m = 0,23 dm = 2,3 cm = 23 mm

2
4300; 600; 71; 3,4; 0,508; 0,060.

3
zwei; rechts
eine; rechts
drei; rechts
eine; links

4
mm; cm; m; cm; mm; m

5

Aufgabe	1	2	3	4	5	6	7	8	9	10	11	12
Buchstabe	I	A	C	H	L	K	J	E	G	D	F	B

6
9100; 800; 50;
800; 10 000; 2;
400 000; 10 500; 4,060.

7
0,043; 0,006; 0,06; 5,3; 5; 0,08

8
drei; rechts
drei; rechts
drei; links
sechs; links

9
g; kg; kg; mg; g; mg

10

Aufgabe	1	2	3	4	5	6	7	8	9	10	11	12
Buchstabe	H	J	D	K	I	F	G	E	L	B	C	A

11
300 mm − 120 mm = 180 mm = 18 cm
45 cm +7 cm = 52 cm
3400 g − 2600 g = 800 g
120 ct : 3 = 40 ct
40 kg · 5 = 200 kg = 0,2 t

12
3 kg 200 g = 3200 g = 3,200 kg
3 kg 20 g = 3020 g = 3,020 kg
3 kg 2 g = 3002 g = 3,002 kg
3 m 5 cm = 305 cm = 3,05 m
3 m 50 cm = 350 cm = 3,50 m

13
4 kg 708 g; 2h 10 min; 1 m 45 cm
4 t 300 kg; 47 mm = 4 cm 7 mm; 70 h = 2d 22 h

14

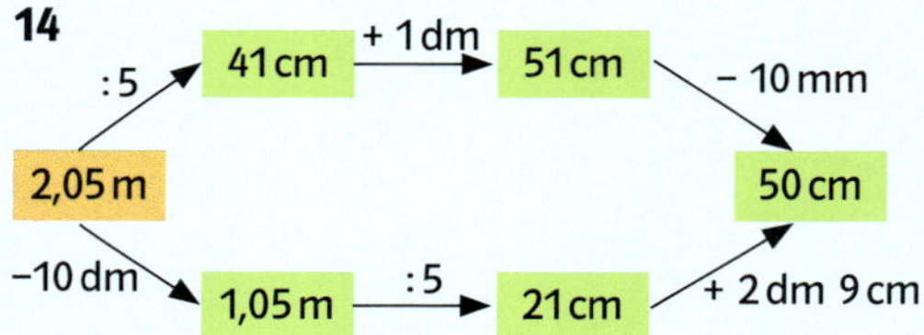

15

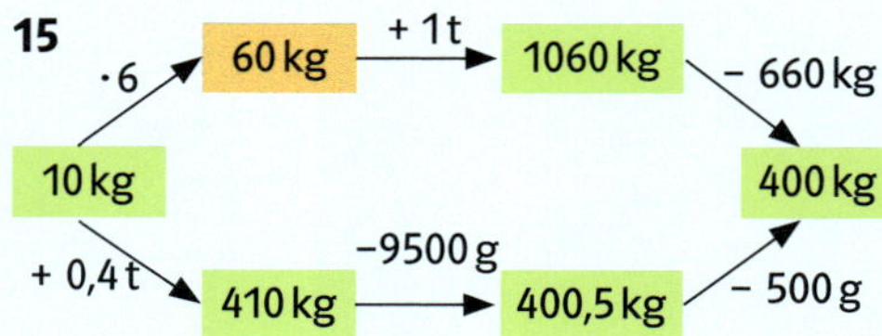

16

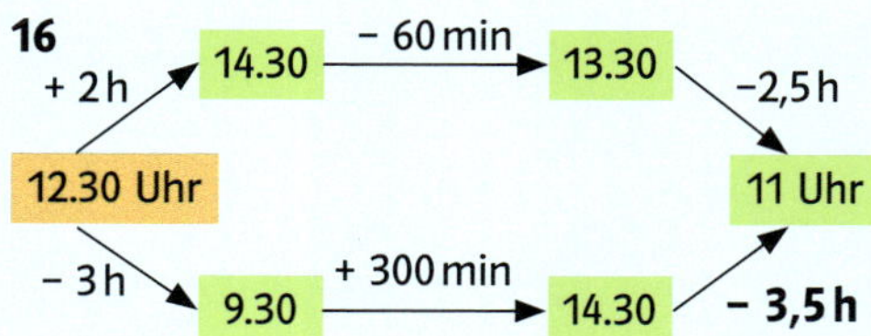

Test 1

1
a) 839 b) 10 004 c) 10 000

2
1 000 000
1 Million

3
a) 51 b) 34 c) 72 d) 7

4
a) B b) B c) B

5
a) ja b) ja c) ja

6
a) 18 b) 3 c) 42

7
c und d

Test 2

1
a) 53 b) 5 c) 26 d) 56

2
a) nein b) ja

3
a) 38 b) 132 c) 300 d) 1165

4
32 € 4 ct

5
a) nein b) ja c) ja

6
a) 340 b) 0,03 c) 0,034

7
5 h 30 min

II Symmetrie

1 Achsensymmetrische Figuren

1
a) ja b) nein c) nein

2
a) h ist die Symmetrieachse.
b) h ist die Symmetrieachse.
c) g ist die Symmetrieachse.

3
Symmetrieachsen sind g, e.
Symmetrieachsen sind f, h.

4
a)

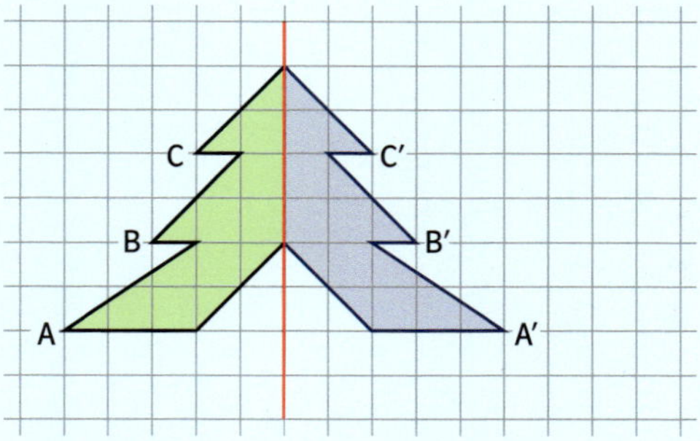

b)

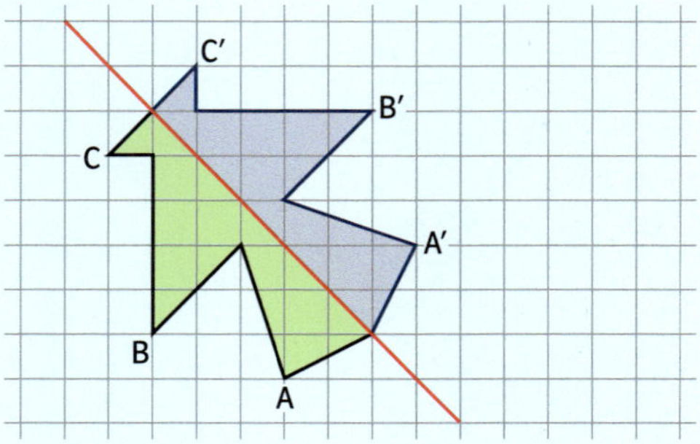

5

a)

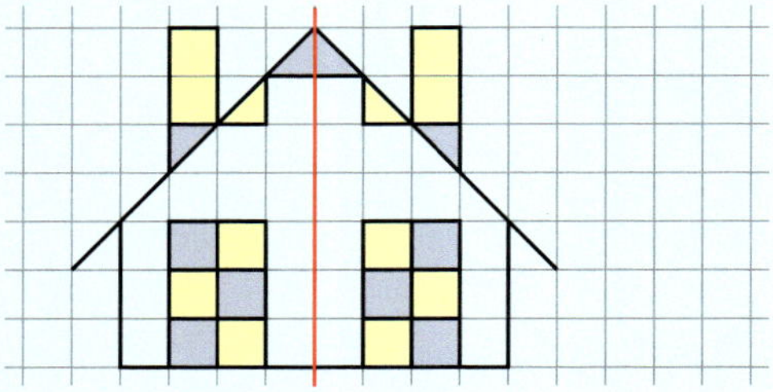

b)

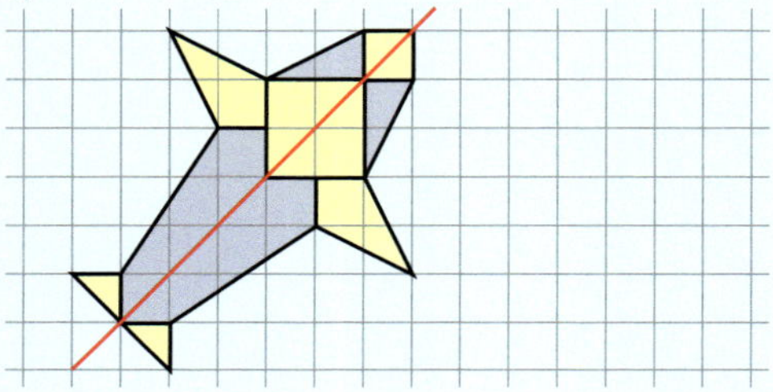

6

a) B ist falsch gespiegelt.

b) B ist falsch gespiegelt.

7

a)

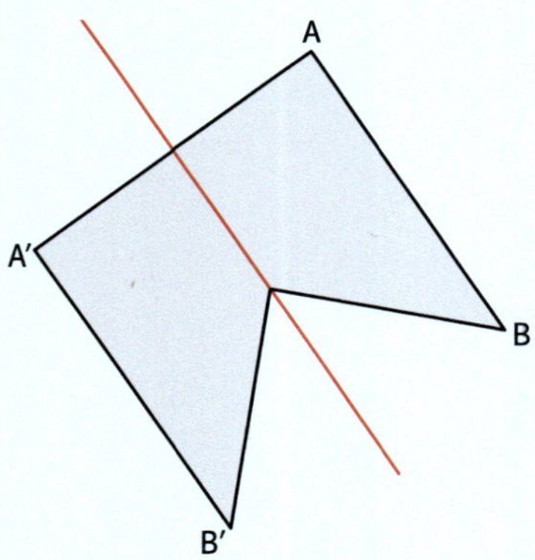

b)

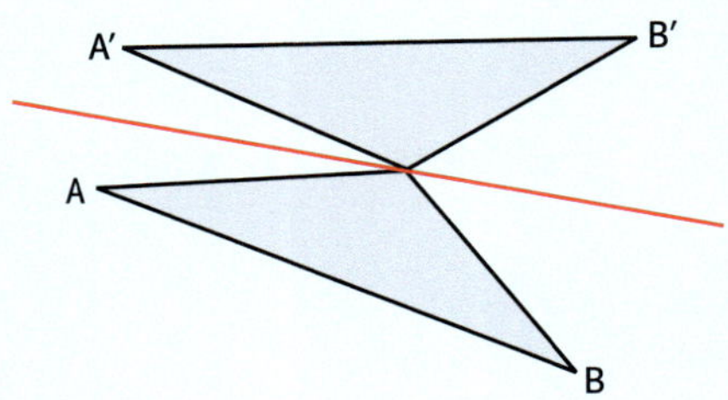

8

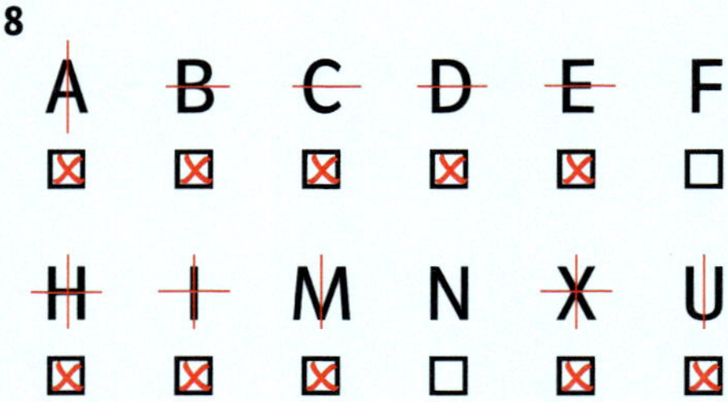

9

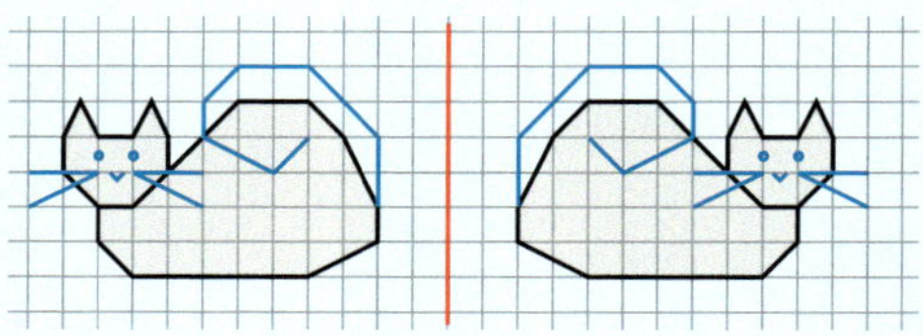

2 Orthogonale und parallele Geraden

1

a) Ja b) Nein c) Ja

2

a ⊥ b; a ⊥ c; d ⊥ e.

3

AB ⊥ CE;	richtig
EG ⊥ GH;	richtig
DE ⊥ DF;	falsch
DE ⊥ EF;	richtig

4

AB ⊥ g;	falsch
CD ⊥ g;	richtig
EF ⊥ g;	falsch
AF ⊥ CD	richtig

5
a) ja b) nein

6
a || b nein; b || c nein; b || d ja

7
Orthogonal sind: a ⊥ c; e ⊥ d; a ⊥ b; e ⊥ f.
Parallel sind: c || b; d || f

8

AC ⊥ BF;	richtig	CG || AE;	richtig
HI ⊥ JK;	falsch	HI || JK;	richtig

9

a || b und c ⊥ d;	falsch
b || a und a ⊥ d;	richtig
c || d und b⊥ d;	falsch

3 Figuren

1
AB = 5 cm BC = 3,5 cm AC = 2,5 cm

2
AC = 45 mm BD = 47 mm

3
Fünfeck.

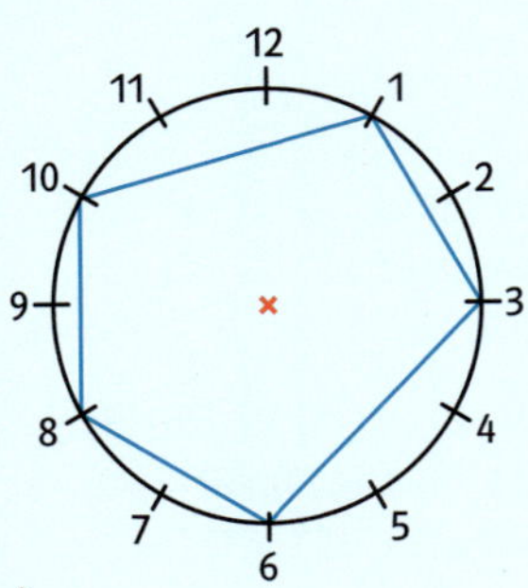

4
a) Die Reihenfolge der Eckpunkte ist
12 – 3 – 6 – 9 – 12.
b) Die Reihenfolge der Eckpunkte ist
12 – 2 – 4 – 6 – 8 – 10 – 12.

5
a)

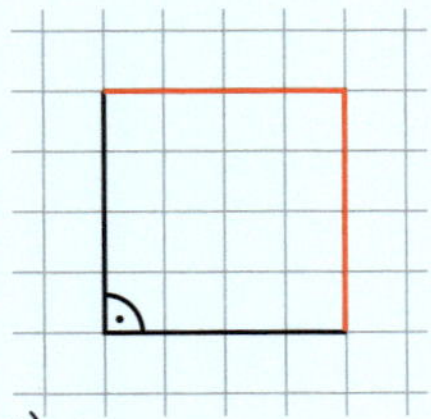

b)

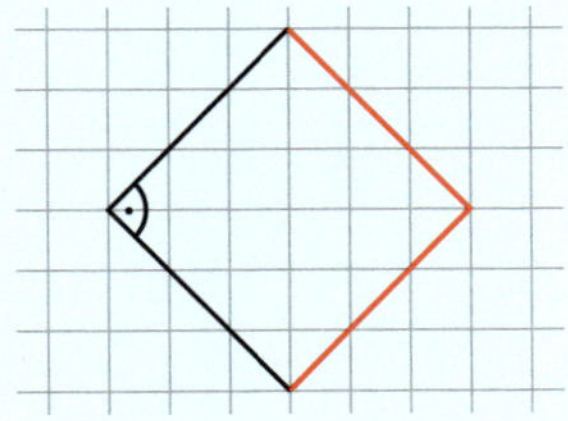

c)

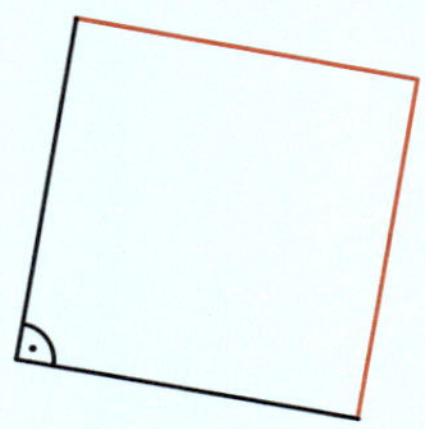

6
a) Eine Diagonale ist 50 mm lang.

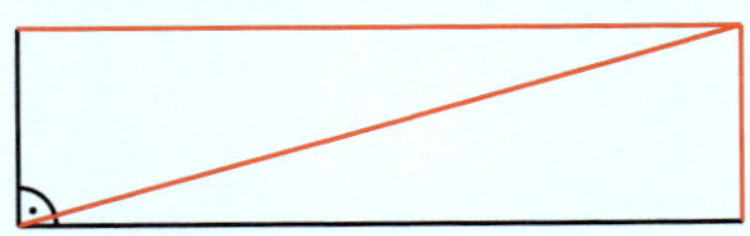

b) Eine Diagonale ist 54 mm lang.

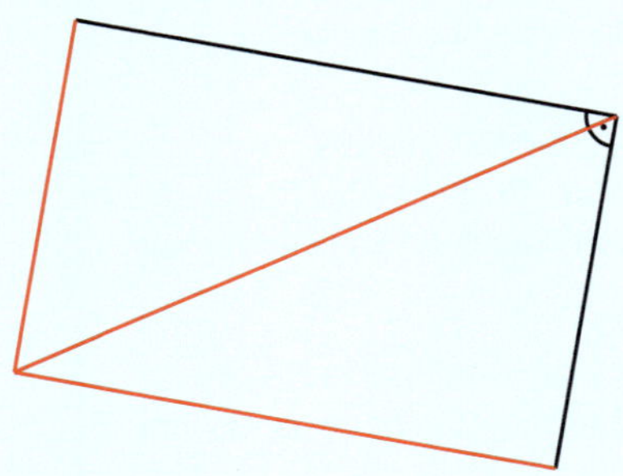

7
a)

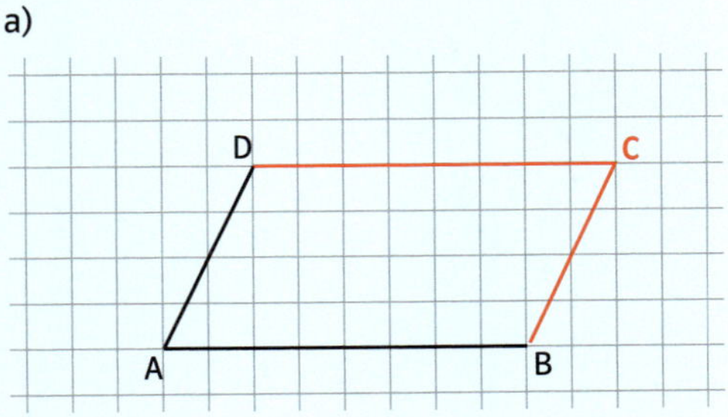

b)

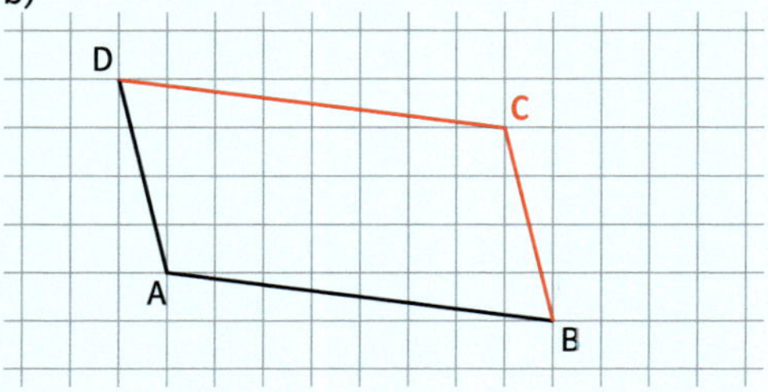

8

Die Diagonale ist 71 mm lang.

9

Die Diagonale ist 50 mm lang.

10

a) ja b) nein

11

2 – 3 – 8 – 9 – 2
oder 2 – 4 – 8 – 10 – 2
oder 2 – 6 – 8 – 12 – 2
oder 2 – 7 – 8 – 1 – 2

12

a) Nr. 1; Nr. 2; Nr. 4.
Diese Vierecke heißen Rechtecke.
b) Nr. 1.
Dieses Viereck heißt Quadrat.
c) Nr. 1; Nr. 2; Nr. 3; Nr. 4.
Diese Vierecke heißen Parallelogramme.

13

a) Radius: 2 cm; Durchmesser: 4 cm.
b) Radius: 18 mm; Durchmesser: 36 mm.

14

15

a)

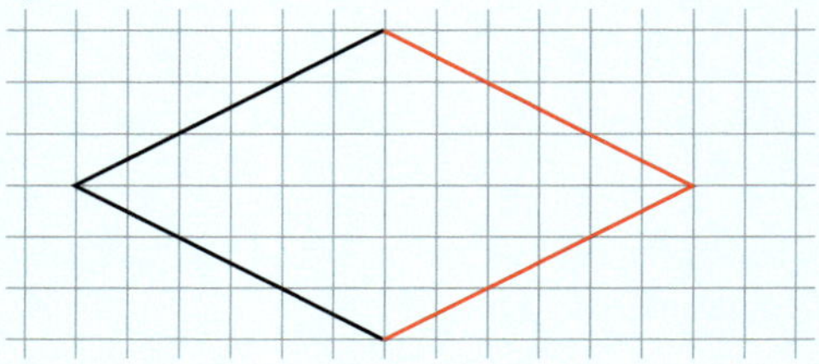

b)

16

9 – 10 – 2 – 3 – 9
oder 9 – 11 – 1 – 3 – 9
oder 9 – 8 – 4 – 3 – 9
oder 9 – 7 – 5 – 3 – 9

4 Koordinatensysteme

1

A(1 | 3); B(6 | 3); C(0 | 2); D(4 | 0)

2

P(4 | 2) Q(5 | 0)
R(0 | 1) hat die x-Koordinate 0
S(2 | 3) hat die y-Koordinate 3

3

Quadrat A(8 | 1); B(10 | 0); C(11 | 2); D(9 | 3)
Rechteck A(0 | 3); B(3 | 0); C(4 | 1); D(1 | 4)
Parallelogramm A(5 | 0); B(7 | 2); C(7 | 3); D(5 | 1)

4

A(0 | 0); B(3 | 1); C(6 | 2); D(9 | 3)

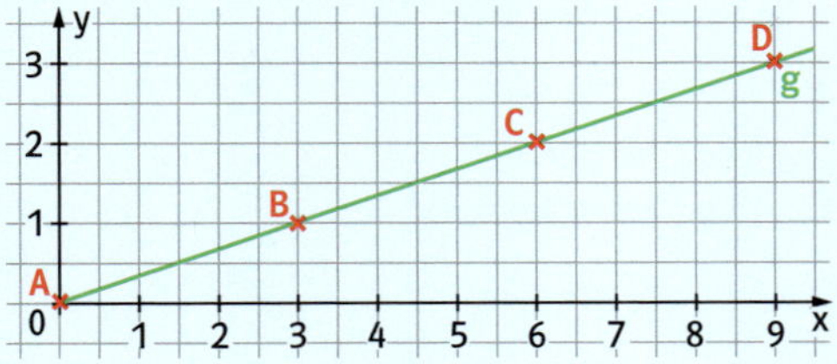

5

Man erkennt ein Segelschiff.

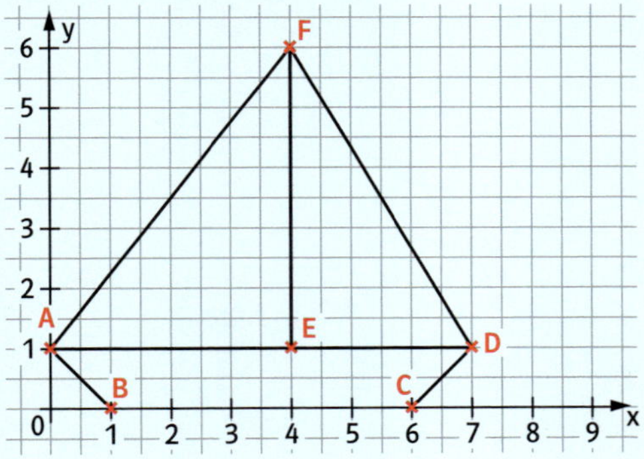

6

a) Ergebnis: D(7 | 5)

b) Ergebnis: S(1 | 3)

c) Ergebnis: F(11 | 0); D(10 | 3)

7

Ergebnis: Die y-Koordinate; sie beträgt 20.

8

a) A′(5 | 1). Das Viereck ABA′C ist ein Quadrat.

b) P′(8 | 4). Das Viereck PQP′R ist ein Drache.

9

a) A′(1 | 10) b) B′(200 | 5) c) C′(200 | 6)

5 Punktsymmetrische Figuren

1

a) Z(5 | 3) b) Z(6 | 3)

2

Name: Quadrat ja 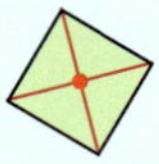

Name: Rechteck ja 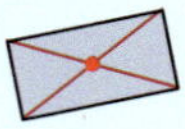

Name: Parallelogramm ja 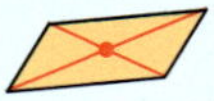

3

a) C bzw. C′ ist falsch gespiegelt.

b) C bzw. C′ ist falsch gespiegelt.

4

a) A′(9 | 6); B′(4 | 5); C′(8 | 4); D′(10 | 0)

b) A′(10 | 6); B′(7 | 3); C′(7 | 0); D′(9 | 0).

5

a)

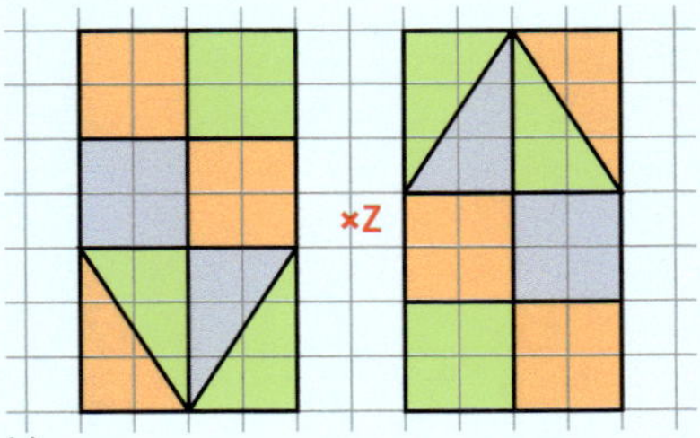

b)

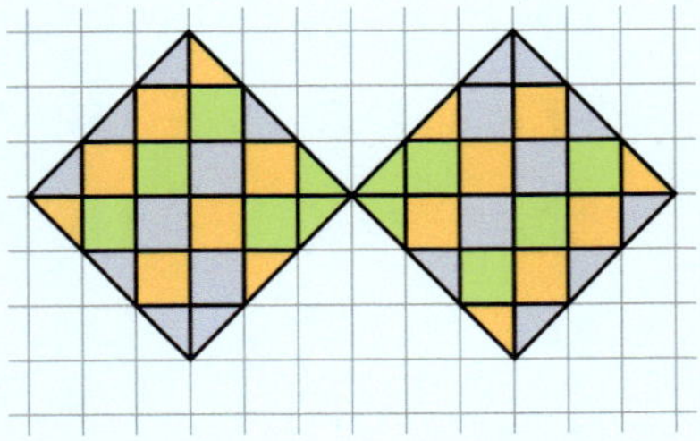

Lösungen

6

a)

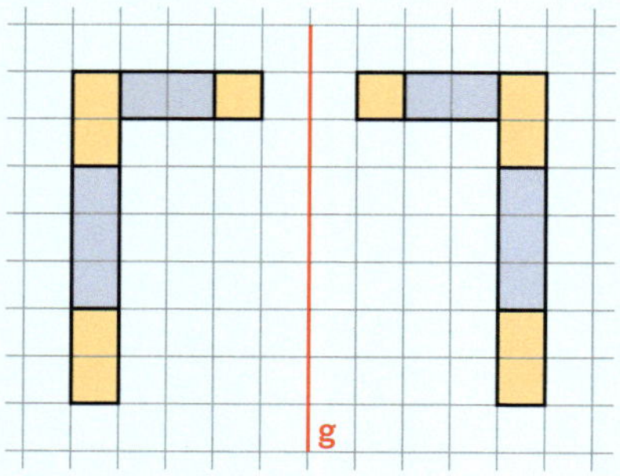

b)

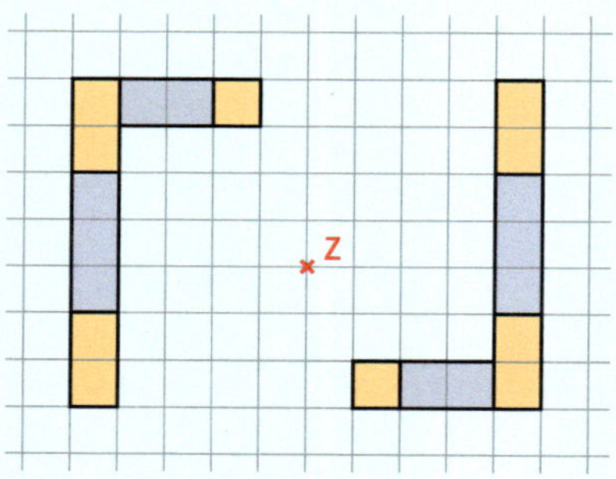

7

A	B	C	D
☐	☐	☐	☐
E	F	H	I
☐	☐	☒	☒
M	N	X	U
☐	☒	☒	☐

Test 1

1

h ist Symmetrieachse

2

a und d sind parallel
b und e sind orthogonal

3

A – 2: f A – 3: r D – 1: r D – 2: r
D – 3: r F – 3: r C – 6: f

4

Es sind die Buchstaben H und I.

Test 2

1

a) falsch b) falsch

2

a) D(1 | 4) b) nein

3

a || b, a || c, b ⊥ d

4

Figur A: nein
Figur B: ja
Figur C: ja

5

Quadrat, Rechteck, Parallelogramm

III Rechnen

1 Rechenausdrücke

1

a) 14 b) 21 c) 33 d) 16 e) 44

2

a) 44 b) 80 c) 27
d) 90 e) 5 f) 40

3

a) Zuerst Klammer, dann Punkt: 27;
Zuerst Punkt, dann Strich: 3
b) 28; 16; 40

4

a)

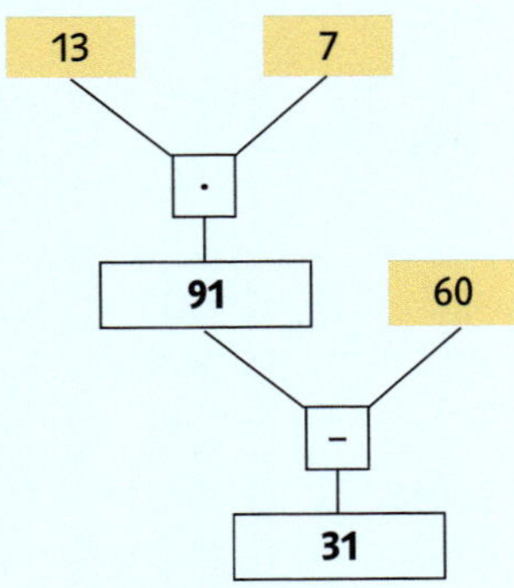

b) $13 \cdot 7 - 60$

c)

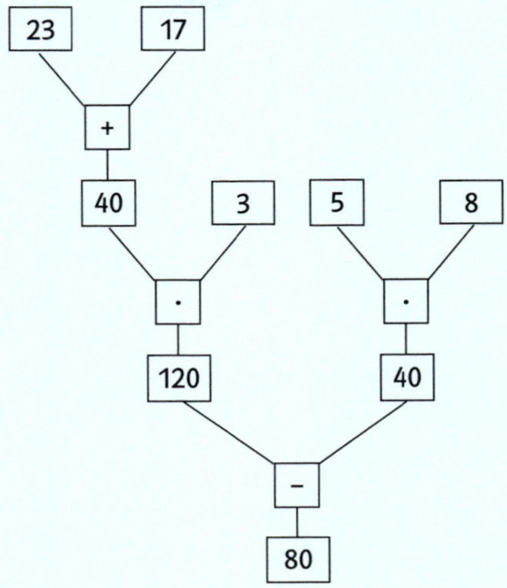

5

70; 0
Wenn du in einem Rechenausdruck Zahlen durch Klammern zusammenfasst, kann ein ganz anderer Rechenausdruck entstehen, der auch ein ganz anderes Ergebnis hat.

6

7: C; 30: A, B, D, F; 110: E

7

A: III; B: I; C: II

8

a) 266 b) 351 550

2 Schriftliches Addieren

1

a) 862 b) 9578 c) 9984

2

a) 5447 b) 9869 c) 8898

3

a) 10 529 b) 13 913 c) 17 545

4

a)

+	111	213	407	670
111	222	324	518	781
213	324	426	620	883
407	518	620	814	1077
670	781	883	1077	1340

b)

+	291	509	555	987
291	582	800	846	1278
509	800	1018	1064	1496
555	846	1064	1110	1542
987	1278	1496	1542	1974

5

a) 227 + 642 = 869
b) 8516 + 9337 = 17853
c) 7698 + 5917 = 13615

6

a) 1**2**25 b **14**882 c) **18 4**66

7

a) 230 dm; 25 dm; 63 cm
b) 15000 kg; 2123 kg; 5023 g
c) 180 min; 133 min; 303 s

8

a) 79 kg	b) 16035 kg	c) 5513 mg
d) 16343 m	e) 5339 cm	f) 552 dm
g) 3155 h	h) 20161 min	i) 10625 s

9

a) 33555333 mg
b) 2110011 dm
c) 1501000 min

3 Schriftliches Subtrahieren

1

a) 3125 b) 1631 c) 4272

2

a) 488 b) 1264 c) 4848

3

a) 7061 b) 7411 c) 6599

4

a) 877 – 45 = 832
b) 9212 – 7361 = 1851
c) 8096 – 917 = 7179

5

a) 225 kg b) 49759 kg c) 164136 mg
d) 896272 m e) 15952 min

4 Schriftliches Multiplizieren

1

a) 864 b) 969 c) 496
d) 6256 e) 5978 f) 34368

2

a) 10800 b) 36036 c) 68182
d) 147225 e) 83538 f) 2101869

3

a) 900 · 40 = 36000
b) 6000 · 200 = 1200000
c) 3000 · 8000 = 24000000

4

a) 5000 · 60 = 300000; 256872
b) 9000 · 200 = 1800000; 1450644
c) 7000 · 3000 = 21000000; 16940038

5

a) 11 523	d) 348 174	g) 756 900
b) 103 936	e) 3 195 104	h) 7 028 970
c) 101 703	f) 30 063 024	i) 70 209 000

6

	ja	nein		ja	nein
257 · 35		x	9001 · 238	x	
987 · 601		x	587 · 2002		x
97 · 572	x		234 · 5555		x

7

a) 140 148 b) 10 767 c) 11 427
d) 203 310 e) 8 280 000 f) 1 004 004
g) 13 938 h) 92 207

5 Schriftliches Dividieren

1

a) 17 b) 54 c) 13
d) 19 e) 140 Rest 13 f) 279 Rest 17

2

a) 281 b) 37 c) 171 d) 58

3

a) 189 b) 189 c) 189
d) 122 Rest 18 e) 24 Rest 31 f) 103 Rest 72

4

6; 65; 605; 11; 101; 1001

5

a) 500 : 20 = 25; 19 Rest 21
b) 900 : 30 = 30; 27 Rest 8

6 Bruchteile von Größen

1

a) 5 dm; 2 b) 25 cm; 4
c) 500 g; 2; d) 250 g; 1; 4
e) 500 mg; g; 2 f) 250 mg; 1 g; 4
g) 30 s; 1 min; 2
h) 1 min; 60 s; 15 s; 1 min; 4

2

a) 5 b) 5 c) 500

3

a) 12 b) 6 c) 15
d) 750 e) 75 f) 625

4

a) 3500; 3,5 b) 125; 0,125
c) 500; 0,5 d) 125; 0,125

5

a) $\frac{1}{4}$ b) $\frac{1}{4}$ c) $\frac{1}{4}$
d) $\frac{3}{4}$ e) $\frac{3}{4}$ f) $\frac{3}{4}$
g) $1\frac{1}{4}$ h) $2\frac{1}{2}$ i) $1\frac{3}{4}$

6

a) 3 750 kg b) 3 250 m c) 195 min d) 250 cm

7 Anwendungen

1

	1. – 10. Reihe	11. – 15. Reihe	16. – 20. Reihe
Preis pro Platz	6,50 €	5,50 €	5 €
Anzahl der Sitzplätze	260	180	200
Anzahl der unbesetzten Plätze	3	3	7
Einnahmen	257 · 6,50	177 · 5,50 €	193 · 5 €
Gesamt	1670,50 €	973,50 €	965,00 €

Ergebnis: Es sind 3609,00 € in der Kasse.

Lösungen

2

a)

Heute aktuell:		**Montag**
Eintopf	1,20 €	15
Tagesessen	1,70 €	19 + 15 = 34
Biogericht	2,20 €	8
Suppe	0,40 €	8 + 33 = 41
Salat	0,60 €	19 + 15 = 34
Dessert	0,50 €	15
Pizza	2,50 €	42
Auflauf	2,80 €	33

Gesamt:

1,20 € · 15 + 1,70 € · 34 + 2,20 € · 8 + 0,40 € · 41
+ 0,60 € · 34 + 0,50 € · 15 + 2,50 € · 42 + 2,80 € · 33
= 18 € + 57,80 € + 17,60 € + 16,40 € + 20,40 €
+ 7,50 € + 105 € + 92,40 € = 335,10 €

b) Dienstag:

0,60 € · 68 + 1,20 € · 22 + 1,70 € · 23 +
(2,20 € + 0,40 €) · 5 + 2,50 € · 29 + 2,80 € · 15
= 40,80 € + 26,40 € + 39,10 € + 13 € + 72,50 €
+ 42 € = 233,80 €.

Unterschied: 101,30 €

3

Stichworte	Rechnung
Einnahmen	245 · 1,20 € + 360 · 0,50 €
Kosten für die Servietten und Putzmittel	15 · 0,80 € + 10,80 €
Unkosten (Marktleitung)	8 · 2 € + 3 €
Gewinn	474 € - 41,80 € = 432,20 €

4

20,51 € (Guthaben 60,60 €; Ausgaben 40,09 €)

5

Bevor du gleich zu rechnen anfängst, solltest du dir die Aufgaben genau anschauen. Am besten machst du dir eine Skizze, in die du die Höhen und die Strecken einzeichnest. Was wird gefragt?

Bei der ersten Frage geht es nicht um die **Länge** der Wegstrecken, sondern um **Höhenunterschiede**. Um festzustellen, wie viele Meter Max bergauf gehen muss, addierst du die Höhenunterschiede aller Teilstrecken, die bergauf führen. Die Strecke von Feldhausen zur Berghütte Almrausch führt **385 m** in die Höhe, die Berghütte liegt also auf 1245 m + 385 m = 1630 m Höhe. Von dort geht es 80 m bergab zum Aussichtsplateu Schöne Aussicht. Dieses Aussichtsplateu liegt also auf 1630 m − 80 m = 1550 m Höhe. Nun geht es 2134 m − 1550 m = **584 m** bergauf. Insgesamt muss Max also 385 m + 584 m = 969 m bergauf gehen.

Vom Berggipfel geht es 890 m bergab zum Dorf Bergbach; Bergbach liegt als auf 2134 m − 890 m = 1244 m Höhe.

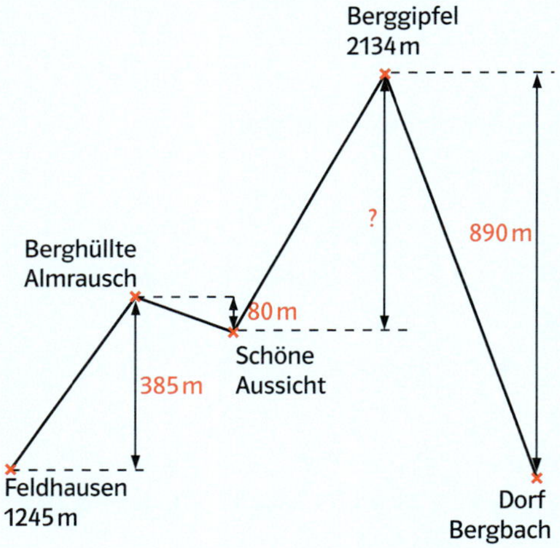

6

Hier hast du es mit verschiedenen Größen zu tun. Um zu rechnen, musst du die Größen vereinheitlichen. Am besten rechnest du mit Gramm (g).

Der Ranzen wiegt ohne Inhalt $1\frac{1}{4}$ kg = 1250 g.

Hinein gepackt werden Atlas ($\frac{1}{2}$ kg = 500 g), Englischbuch (680 g), Mathematikbuch (650 g) und drei Hefte (3-mal 125 g).

Damit wird der Schulranzen

1250 g + 500 g + 680 g + 650 g + 375 g = 3455 g

schwer. Damit der Schulranzen nicht schwerer

als 4 kg = 4000 g wird, darf er höchstens noch 4000 g − 3455 g = 545 g Pausenbrot und Getränk zupacken.

8 Rechnen mit Hilfsmitteln

1

a) 62 100 b) 6 210 000 c) 517 000
d) 10 340 000 e) 420 f) 3000

2

a) 71 000 + 6000 = 77 000; 76 982
b) 71 000 − 6000 = 65 000; 65 134
c) 71 000 · 6000 = 426 000 000; 420 947 592
d) 450 000 : 900 = 500; 514

3

11 · 1 = 11
111 · 11 = 1221
1111 · 111 = 123321
11111 · 1111 = 12344321
111111 · 11111 = 1234554321

Im Ergebnis stehen die natürlichen Zahlen ansteigend, dann abfallend. Hat der 2. Faktor des Produkts fünf Einsen, so steigen die natürlichen Zahlen bis 5. Führt man eine schriftliche Multiplikation durch, so erkennt man, dass bei diesem Produkt maximal fünf Zeilen mit jeweils sechs Einsen versetzt untereinander stehen.

4

Frau Maier beginnt den Monat mit einem Guthaben von 3257,78 €. Sie hat 200,00 € sonstige Einkünfte und bekommt 6,80 € Pfand zurück. Damit stehen ihr insgesamt 3257,78 € + 200,00 € + 6,80 € = 3464,58 € zur Verfügung. Ihre Ausgaben betragen 58,99 € + 98,59 € + 25,90 € + 56,20 € + 5,70 € = 245,38 €. Am Ende der ersten Woche bleiben ihr noch 3464,58 € − 245,38 € = 3219,20 € für den Rest des Monats übrig.

Test 1

1

a) 100 b) 180 c) 244 d) 150

2

a) 8898 b) 5600 c) 3864 d) 2424
e) 124 270 f) 614 363 g) 47 h) 18 R. 25

3

a) 5 m; 5 m: ja

b) $5\frac{1}{4}$ kg; 5260 g: nein

c) $7\frac{3}{4}$ h = 465 min; 455 min: nein

4

a) 0 b) 44 c) 4845

5

5970 g = 5,970 kg; 33,84 €

Test 2

1

a) 105 464 b) 210 235
c) 3019 d) 1 032 291

2

a) 42 840 b) 3 323 240
c) 39 d) 256

3

a) 14 t 183 kg b) 293 km 170 m

4

a) 3626 b) 67

5

* = 8; ? = 9; § = 4 ~ = 3; # = 7; ◊ = 4

6

a) 903 b) 98 271

7

a) 1 b) 2,6

8

ja

IV Flächen

1 Welche Fläche ist größer?

1

a)

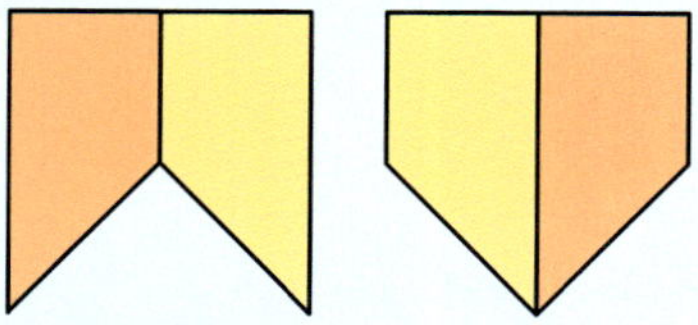

Gleich groß? ja

b)

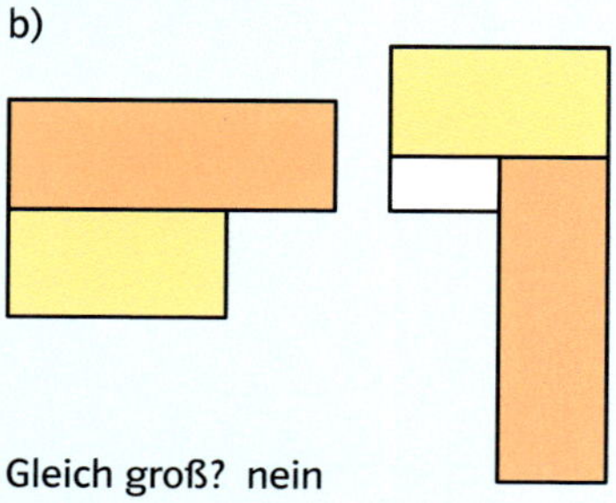

Gleich groß? nein

c)

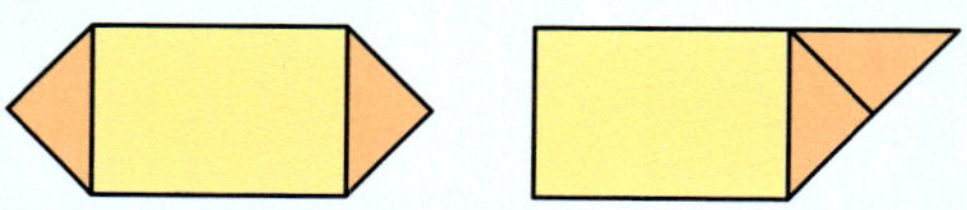

Gleich groß? ja

2

Gleich groß wie das Rechteck A sind die Figuren C und E.

3

a)

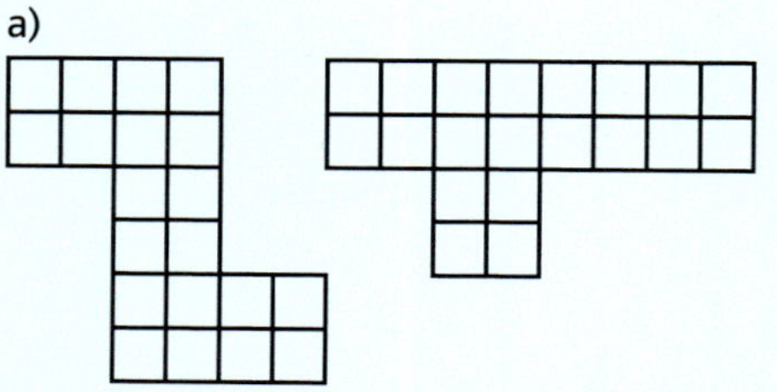

ja, weil sich beide Figuren mit 20 Quadraten auslegen lassen.

b)

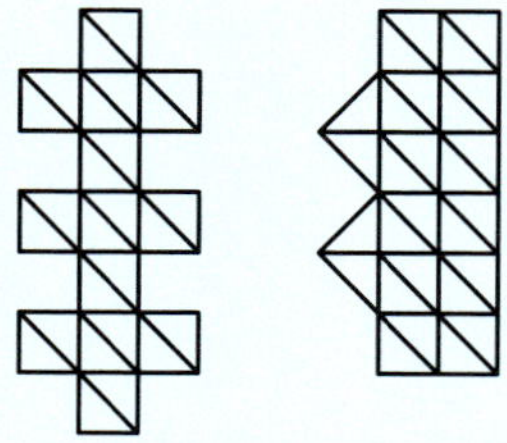

nein, weil man zum Auslegen der 1. Figur 26 Dreiecke braucht, bei der 2. Figur aber 28.

4

Lösungsbeispiel:

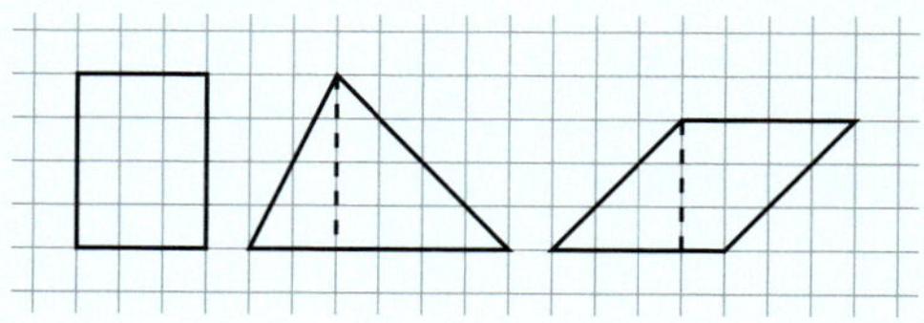

5

Das Achteck lässt sich mit 56 Dreiecken bzw. 28 Quadraten auslegen. Ein gleich großes Rechteck besteht also aus 4 Reihen mit je 7 Quadraten oder aus 2 Reihen mit je 14 Quadraten oder aus einer Reihe mit 28 Quadraten.

6

a) Das kleinstmögliche Quadrat besteht aus 9 kleinen Quadraten; man braucht also 5 kleine Quadrate zum Ergänzen.

b) Das kleinstmögliche Quadrat besteht aus 16 kleinen Quadraten; man braucht also 9 kleine Quadrate zum Ergänzen.

7

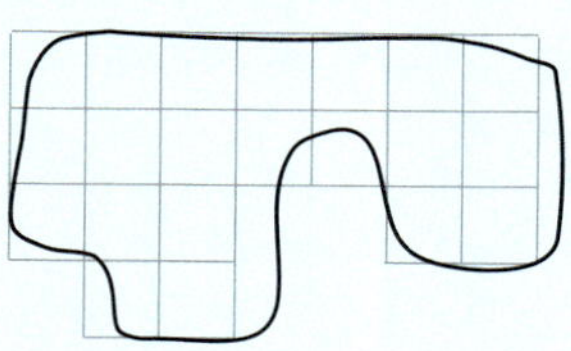

Die Figur ist ungefähr so groß wie 21 Quadrate mit der Seitenlänge 0,5 cm.

2 Flächeneinheiten

1

a) $1300\,dm^2$ b) $500\,mm^2$ c) $8300\,a$
d) $800\,ha$ e) $10\,100\,cm^2$ f) $8000\,m^2$

2

a) $1300\,m^2$ b) $500\,mm^2$ c) $50\,000\,dm^2$
d) $20\,000\,m^2$ e) $10\,ha$ f) $1700\,mm^2$
g) $230\,m^2$ h) $2\,ha$ i) $20\,a$

3

a) $517\,dm^2$ b) $330\,a$ c) $303\,a$
d) $880\,mm^2$ e) $8008\,mm^2$ f) $8080\,mm^2$
g) $280\,dm^2$ h) $20\,080\,cm^2$ i) $10\,090\,a$
j) $10\,009\,a$ k) $35\,120\,m^2$ l) $30\,503\,cm^2$

4

a) $5\,m^2 > 50\,dm^2$
b) $20\,ha = 2000\,a$
c) $5\,ha\ 50\,a < 50\,ha\ 5\,a$
d) $3\,km^2 > 3000\,a$
e) $5\,m^2\ 30\,dm^2 = 530\,dm^2$
f) $3\,ha\ 5\,m^2 < 3\,ha\ 5\,a$

5

Aussagen, die auf das Quadrat zutreffen sind a), c) und e).

6

a) $100\,a = 1\,ha$
b) $4800\,m^2 + 52\,m^2 = 4852\,m^2$
c) $4800\,ha - 20\,ha = 4780\,ha$
d) $4800\,ha - 200\,ha = 4600\,ha$
e) $125\,dm^2$ f) $5\,ha$
g) $800\,a : 16 = 50\,a$
h) $200\,dm^2 : 4 = 50\,dm^2$
i) $100\,a - 45\,a = 55\,a$
j) $600\,dm^2 : 5 - 20\,dm^2 = 120\,dm^2 - 20\,dm^2 = 100\,dm^2 = 1\,m^2$
k) $200\,mm^2 + 8\,cm^2 = 2\,cm^2 + 8\,cm^2 = 10\,cm^2$
l) $(500\,m^2 - 48\,m^2) : 2 = 452\,m^2 : 2 = 226\,m^2$

7

a) $100\,dm^2 - 60\,dm^2 = 40\,dm^2$
b) $100\,m^2 - 2\,m^2 = 98\,m^2$
c) $100\,ha - 28\,ha = 72\,ha$
d) $10\,000\,dm^2 - 2445\,dm^2 = 7555\,dm^2 = 75\,m^2\ 55\,dm^2$
e) $314\,m^2 - 100\,m^2 = 214\,m^2$

8

a) $560\,m^2 + 90\,m^2 = 650\,m^2 = 6\,a\ 50\,m^2$
b) $305\,mm^2 - 125\,mm^2 = 180\,mm^2 = 1\,cm^2\ 80\,mm^2$
c) $1220\,m^2 \cdot 5 = 6100\,m^2 = 61\,a$
d) $1820\,m^2 : 20 = 91\,m^2$

9

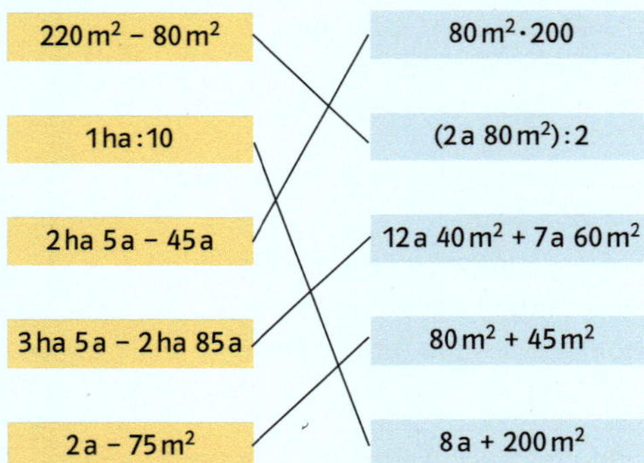

10

Größe eines Bauplatzes:
$4\,ha\ 50\,a : 90 = 450\,a : 90 = 5\,a$

11

Fläche für Blumenbeete: $6 \cdot 220\,m^2 = 1320\,m^2$
Fläche für Wege: $800\,m^2$
Gesamtfläche des Parks: $3\,ha = 30\,000\,m^2$
Fläche für den Rasen:
$30\,000\,m^2 - 1320\,m^2 - 800\,m^2 = 27\,880\,m^2$

Lösungen

3 Flächeninhalt eines Rechtecks

1

a) $18\,m^2$

b) $40 \cdot 5\,mm^2 = 200\,mm^2 = 2\,cm^2$

c) $25 \cdot 4\,mm^2 = 100\,mm^2 = 1\,cm^2$

d) $60 \cdot 6\,cm^2 = 360\,cm^2$

e) $2000 \cdot 500\,m^2 = 1\,000\,000\,m^2 = 1\,km^2$

f) $24 \cdot 35\,dm^2 = 840\,dm^2$

2

a) Seitenlängen: 2 cm; 4 cm.
Flächeninhalt: $8\,cm^2$

b) Seitenlängen: 28 mm; 22 mm.
Flächeninhalt: $616\,mm^2$

c) Seitenlängen: 3 cm; 3 cm.
Flächeninhalt: $9\,cm^2$

3

a) Flächeninhalt des Zimmerbodens:
$6 \cdot 4\,m^2 = 24\,m^2$

b) Flächeninhalt aller vier Wände:
$2 \cdot 40 \cdot 25\,dm^2 + 2 \cdot 60 \cdot 25\,dm^2$
$= 2000\,dm^2 + 3000\,dm^2 = 50\,m^2$

4

Lösungsmöglichkeiten (es gibt noch mehr!):

	a)	b)	c)	d)	e)
Flächeninhalt	$24\,m^2$	30 a	20 ha	$15\,cm^2$	$7\,dm^2$
1. Länge	24 m	30 m	2 km	5 cm	7 dm
1. Breite	1 m	100 m	100 m	3 cm	1 dm
2. Länge	12 m	60 m	1 km	15 cm	35 cm
2. Breite	2 m	50 m	200 m	1 cm	20 cm
3. Länge	8 m	150 m	500 m	75 mm	700 cm
3. Breite	3 m	20 m	400 m	2 cm	1 cm

5

	a)	b)	c)	d)	e)
Flächeninhalt	$16\,m^2$	$350\,mm^2$	8 a	$14\,km^2$	154 a
Länge	8 m	**70 mm**	**50 m**	3500 m	28 m
Breite	**2 m**	5 mm	16 m	**4 km**	550 m

6

a) Länge der Wiese: (2000 : 25) m = 80 m

b) neue Breite: 20 m;
neue Länge: (2000 : 20) m = 100 m
Die Wiese muss also um 20 m verlängert werden.

7

Flächeninhalt: $36\,cm^2$;
Seitenlänge des Quadrats: 6 cm

8

Mögliche Lösungen:

a)

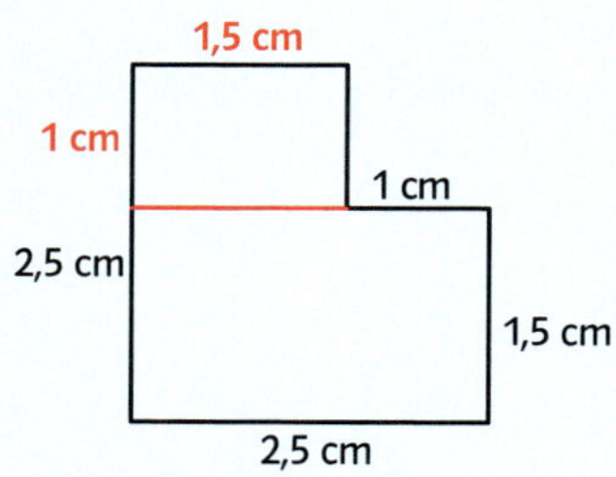

Flächeninhalt:
$25 \cdot 15\,mm^2 + 10 \cdot 15\,mm^2 = 525\,mm^2$

b)

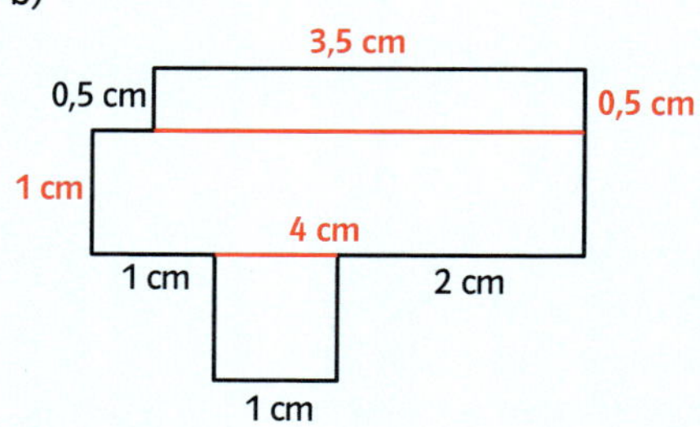

Flächeninhalt:
$35 \cdot 5\,mm^2 + 10 \cdot 40\,mm^2 + 10 \cdot 10\,mm^2 = 675\,mm^2$

9

a)

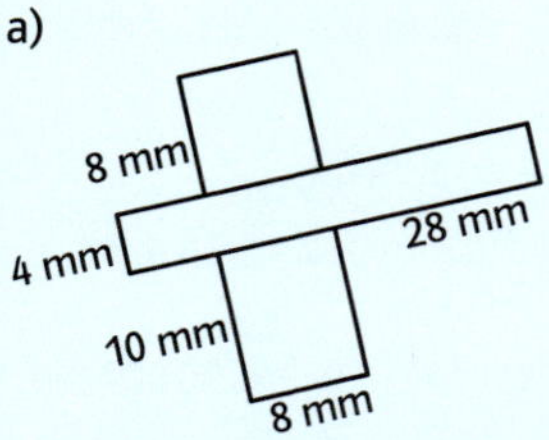

$8 \cdot 10\,mm^2 + 4 \cdot 28\,mm^2 + 8 \cdot 8\,mm^2 = 256\,mm^2$

b)

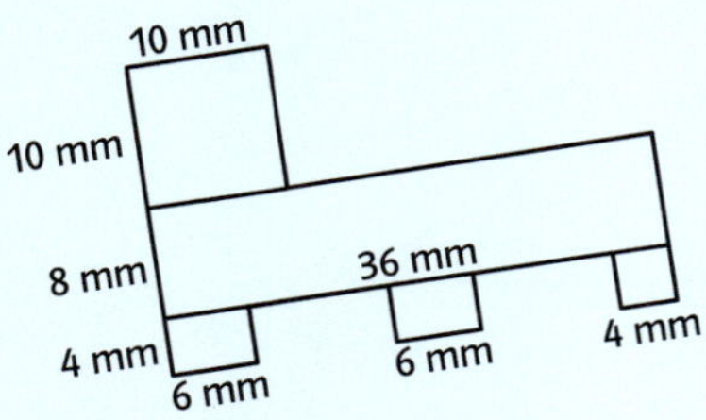

Flächeninhalt:

$10 \cdot 10\,mm^2 + 8 \cdot 36\,mm^2 + 4 \cdot 6\,mm^2 + 4 \cdot 6\,mm^2$
$+ 4 \cdot 4\,mm^2 = 452\,mm^2$

10

a)

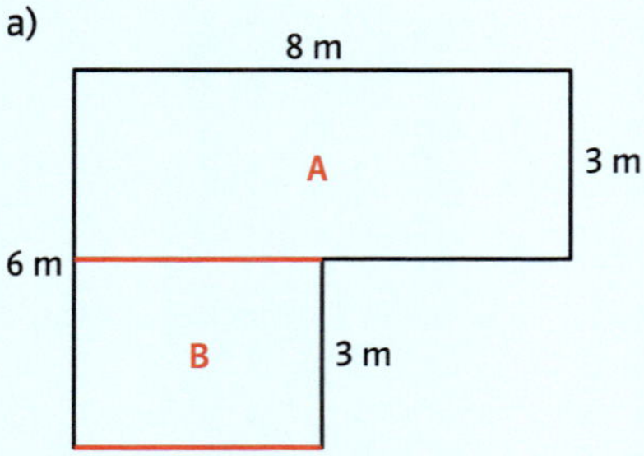

Flächeninhalt des Rechtecks A: $8 \cdot 3\,m^2 = 24\,m^2$

Flächeninhalt des Rechtecks B:

$36\,m^2 - 24\,m^2 = 12\,m^2$

Länge der roten Seite des Rechtecks B:

$(12 : 3)\,m = 4\,m$

b)

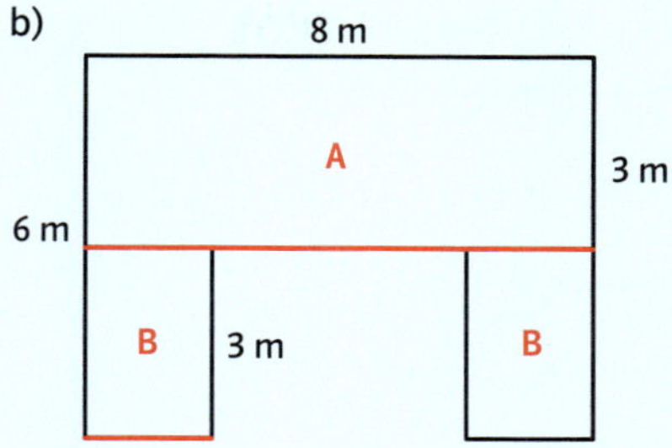

Flächeninhalt des Rechtecks A: $8 \cdot 3\,m^2 = 24\,m^2$

Flächeninhalt des Rechtecks B:

$(36\,m^2 - 24\,m^2) : 2 = 6\,m^2$

Länge der roten Seite des Rechtecks B:

$(6 : 3)\,m = 2\,m$

11

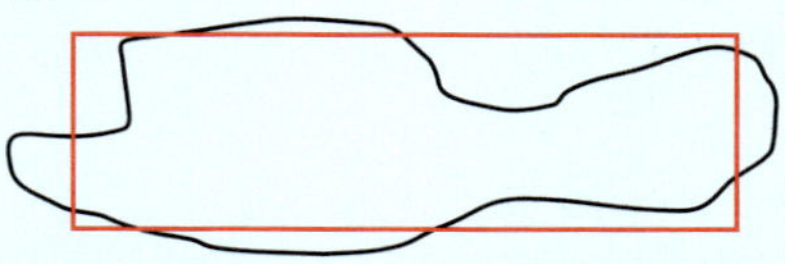

Die Figur ist näherungsweise so groß wie ein Rechteck mit den Seitenlängen 44 mm und 13 mm.

Dieses hat den Flächeninhalt $44 \cdot 13\,mm^2 = 572\,mm^2$. Die Figur ist also etwa $600\,mm^2 = 6\,cm^2$ groß.

4 Flächeninhalt eines Parallelogramms und eines Dreiecks

1

a) Flächeninhalt: $6 \cdot 3\,m^2 = 18\,m^2$

b) Flächeninhalt: $80 \cdot 12\,mm^2 = 960\,mm^2$

c) Flächeninhalt: $25 \cdot 6\,dm^2 = 150\,dm^2$

2

a)

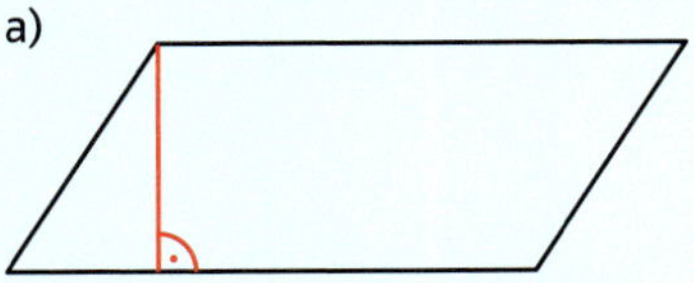

gemessen: g = 35 mm; h = 15mm

Flächeninhalt: $15 \cdot 35\,mm^2 = 525\,mm^2$

b)

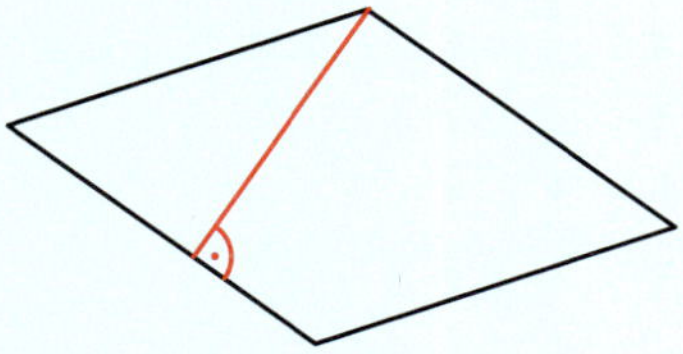

gemessen: g = 25 mm; h = 20 mm

Flächeninhalt: $25 \cdot 20\,mm^2 = 500\,mm^2 = 5\,cm^2$

3

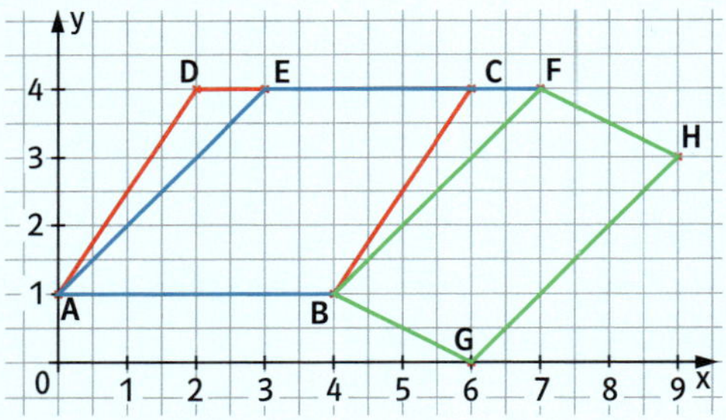

Flächeninhalt des Parallelogramms ABCD:
$4 \cdot 3\,cm^2 = 12\,cm^2$

Flächeninhalt des Parallelogramms ABFE:
$4 \cdot 3\,cm^2 = 12\,cm^2$

Flächeninhalt des Parallelogramms BGHF:
$\approx 42 \cdot 21\,mm^2 = 882\,mm^2 \approx 9\,cm^2$

4

Man muss messen: a und e oder c und e oder b und h oder d und h.

5

a) Länge der zugehörigen Höhe h_a:
$(12 : 4)\,cm = 3\,cm$

b) Länge der Seite b:
$(1200 : 25)\,mm = 48\,mm = 4{,}8\,cm$

6

a) falsch b) richtig c) falsch d) richtig

7

a) Flächeninhalt: $(6 \cdot 3\,cm^2) : 2 = 9\,cm^2$

b) Flächeninhalt: $(50 \cdot 36\,mm^2) : 2 = 900\,mm^2 = 9\,cm^2$

c) Flächeninhalt: $(1250 \cdot 48\,cm^2) : 2 = 30\,000\,cm^2 = 3\,m^2$

8

a)

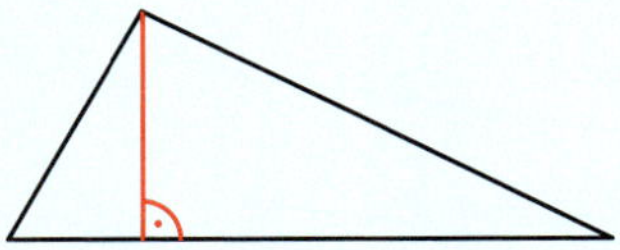

gemessen: g = 4 cm; h = 1,5 cm

Flächeninhalt: $(40 \cdot 15\,mm^2) : 2 = 300\,mm^2 = 3\,cm^2$

b)

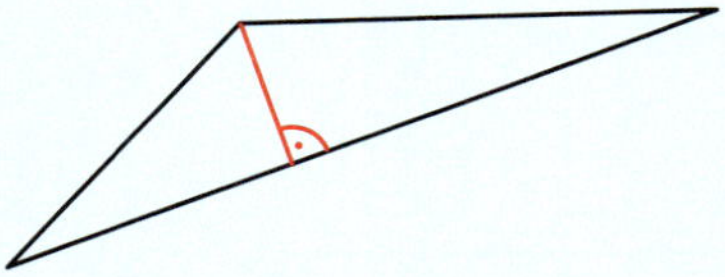

gemessen: g = 5 cm; h = 1 cm

Flächeninhalt: $(50 \cdot 10\,mm^2) : 2 = 250\,mm^2$

9

Zerlegung der Figur in ein Rechteck und zwei Dreiecke.:

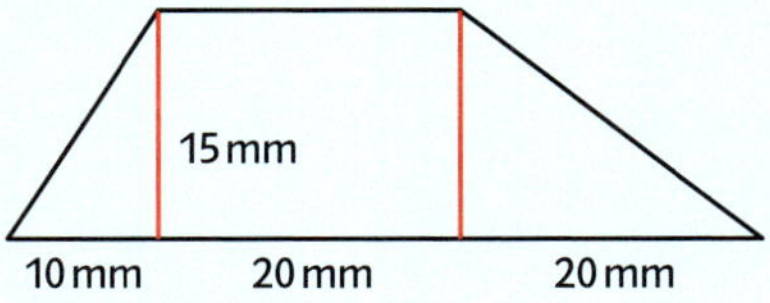

Flächeninhalt:
$20 \cdot 15\,mm^2 + (10 \cdot 15\,mm^2) : 2 + (20 \cdot 15\,mm^2) : 2 = 525\,mm^2$

10

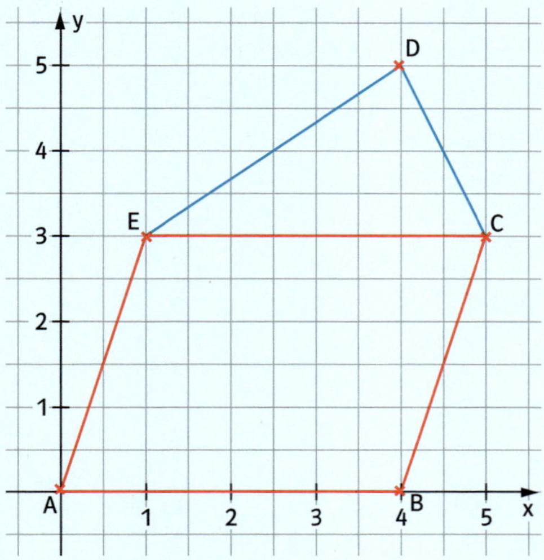

Zerlege das Fünfeck in ein Dreieck und ein Parallelogramm.
Flächeninhalt des Parallelogramms:
$4 \cdot 3\,\text{cm}^2 = 12\,\text{cm}^2$
Flächeninhalt des Dreiecks:
$(4 \cdot 2\,\text{cm}^2) : 2 = 4\,\text{cm}^2$
Flächeninhalt des Fünfecks:
$12\,\text{cm}^2 + 4\,\text{cm}^2 = 16\,\text{cm}^2$

5 Umfang einer Fläche

1

a) Umfang: 15 cm
b) Umfang: 160 mm = 16 cm
c) Umfang: 445 cm = 4,45 m

2

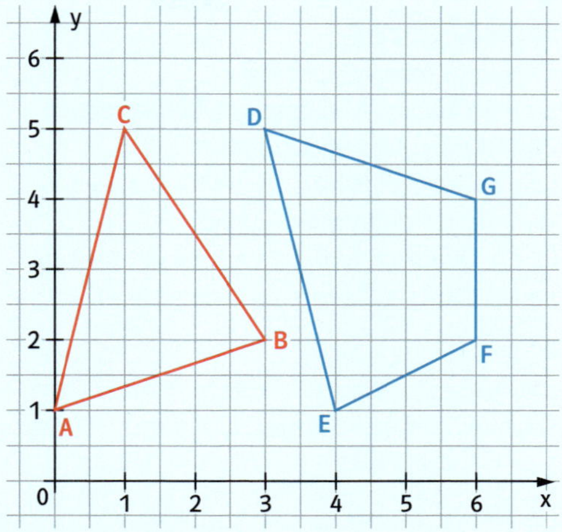

Umfang des Dreiecks:
32 mm + 36 mm + 41 mm = 109 mm
Umfang des Vierecks:
22 mm + 20 mm + 32 mm + 41 mm = 115 mm

3

a) Umfang: (12 m + 7 m) · 2 = 38 m
b) Umfang: (78 mm + 37 mm) · 2 = 230 mm = 23,0 cm
c) Umfang: (155 cm + 37 cm) · 2 = 384 cm = 3,84 m

4

Umfang A:
(35 mm + 19 mm) · 2 = 108 mm = 10,8 cm
Umfang B: (6 mm + 42 mm) · 2 = 96 mm = 9,6 cm
Umfang C:
(20 mm + 22 mm) · 2 = 84 mm = 8,4 cm

5

Mögliche Lösungen:
1. Rechteck: Länge = 5 cm; Breite = 7 cm
2. Rechteck: Länge = 2 cm; Breite = 10 cm
3. Rechteck: Länge = 3 cm; Breite = 9 cm

6

a) Umfang: 12 cm

b) Nimmt man von der Figur …
… das Quadrat A weg, so gilt für den neuen Umfang: Er bleibt gleich groß.
… das Quadrat B weg, so gilt für den neuen Umfang: Er bleibt gleich groß.
… die Quadrate A und B weg, so gilt für den neuen Umfang: Er wird um 2 cm kleiner.

7

Breite des Rechtecks: 24 cm : 2 − 5 cm = 7 cm
Flächeninhalt des Rechtecks: $7 \cdot 5\,cm^2 = 35\,cm^2$

8

Länge des Rechtecks: (72 : 6) m = 12 m
Umfang des Rechtecks: $(6\,m + 12\,m) \cdot 2 = 36\,m$

9

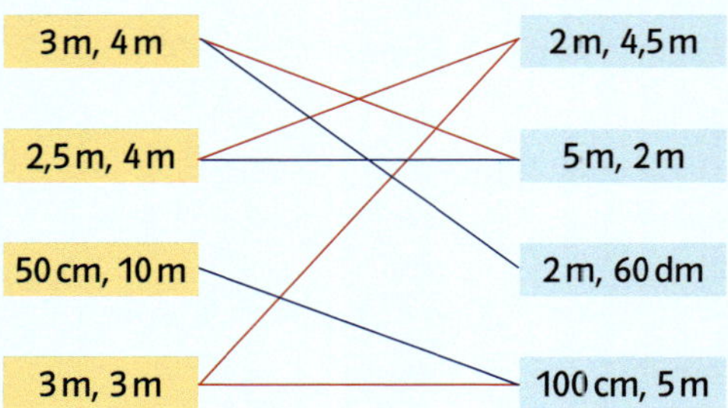

Test 1

1

a) C b) B c) A

2

a) 1700 b) 170 c) ha d) 10 050
e) 150 f) a g) $48\,m^2$ h) 50 050

3

A und E C und D H und F

4

Figur A: $A = 480\,mm^2$ $U = 88\,mm$
Figur B: $A = 320\,mm^2$ $U \approx 88\,mm$

5

1. Höhe: 6 cm
2. Höhe: 48 mm

Test 2

1

B < D < A < C

2

a) 1500 b) 150 c) 300
d) 506 e) 555 f) 5505
g) 20 200 h) 17 500

3

a) 1 ha b) $6337\,m^2$ c) 130 ha
d) 7 ha e) $420\,dm^2$ f) $49\,920\,cm^2$

4

a) U = 46 cm $A = 120\,cm^2$
b) Änderung U: 8 cm
Änderung A: $42\,cm^2$

5

a) $9\,m^2$ b) $8\,m^2$

6

a) Breite des Geheges: 45 m
b) Zusätzlicher Zaun: $80\,m^2$

V Körper

1 Körper und Netze

1

a) 5 Ecken; 8 Kanten; 5 Flächen (4 Dreiecke, ein Quadrat)
b) keine Ecken; 2 Kanten (gebogen); 3 Flächen (2 Kreise, ein gewölbtes Rechteck)
c) 12 Ecken; 18 Kanten; 8 Flächen (2 Sechsecke, 6 Rechtecke)

2

a) Grundkörper sind ein Würfel und eine quadratische Pyramide.
b) Grundkörper sind ein Zylinder, ein Kegel und eine Halbkugel.

3

Körper	Würfel	Zylinder	Kegel
Ansicht von oben	C	A	A
Ansicht von vorne	2	2	3

Körper	quadratische Pyramide	dreiseitiges Prisma	Kugel
Ansicht von oben	C	B	A
Ansicht von vorne	3	2	4

4

Körper	Quader	dreiseitige Pyramide	achtseitige Pyramide	achtseitiges Prisma	Kegel	Zylinder
Anzahl der Ecken	8	4	9	16	1	0
Anzahl der Kanten	12	6	16	24	1	2
Anzahl der Flächen	6	4	9	10	2	3

5

a) Quadrat b) Dreieck

6

a) sechsseitige Pyramide
b) dreiseitiges Prisma
c) Quader
d) dreiseitige Pyramide
e) dreiseitiges Prisma
f) Kegel

2 Quader

1

individuelle Lösungen (Kontrolle durch Zusammenbauen)

2

a) Es fehlt das Rechteck Nr. 4.
b) Man kann es an den Kanten mit den Buchstaben A oder C oder E anbringen.

3

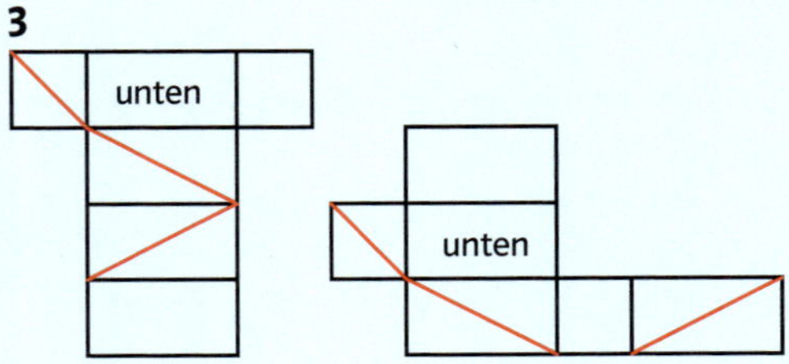

4

Würfelnetze sind a), c) und e).

5

Man kann zu einem Würfelnetz ergänzen mit

a) Quadrat C b) Quadrat A oder B

c) Quadrat A oder B

6

Dem roten Quadrat gegenüber liegt das Quadrat

a) D b) A c) D d) F e) B

7

a) Gesamtkantenlänge: 40 m;
Oberflächeninhalt: $62\,m^2$

b) Gesamtkantenlänge: 2512 mm = 2,512 m;
Oberflächeninhalt:
$129\,920\,mm^2 = 12\,dm^2\ 99\,cm^2\ 20\,mm^2$

8

a) beispielsweise:
1. Möglichkeit: 10 cm; 1 cm; 1cm
2. Möglichkeit: 6 cm; 4 cm; 2 cm
3. Möglichkeit: 5 cm; 5 cm; 2 cm
4. Möglichkeit: 5 cm; 4 cm; 3 cm

(drei Kantenlängen müssen zusammen 48 cm : 4 = 12 cm ergeben.)

b) Es gibt einen Würfel. Er hat die Kantenlänge 4 cm.

9

Flächeninhalt der quadratischen Seitenfläche:
$5 \cdot 5\,cm^2 = 25\,cm^2$.
Flächeninhalt der vier gleichen übrigen rechteckigen Seitenflächen:
$250\,cm^2 - 2 \cdot 25\,cm^2 = 200\,cm^2$.
Flächeninhalt einer der anderen Seitenflächen:
$200\,cm^2 : 4 = 50\,cm^2$.
Länge der 3. Kante: (50 : 5) cm = 10 cm.

3 Schrägbilder

1

a)

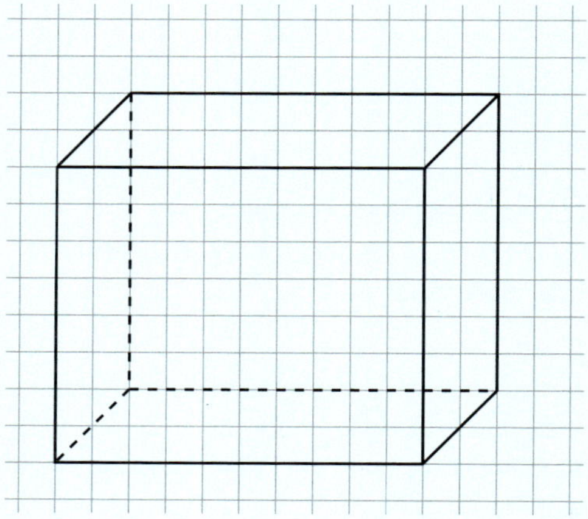

b)

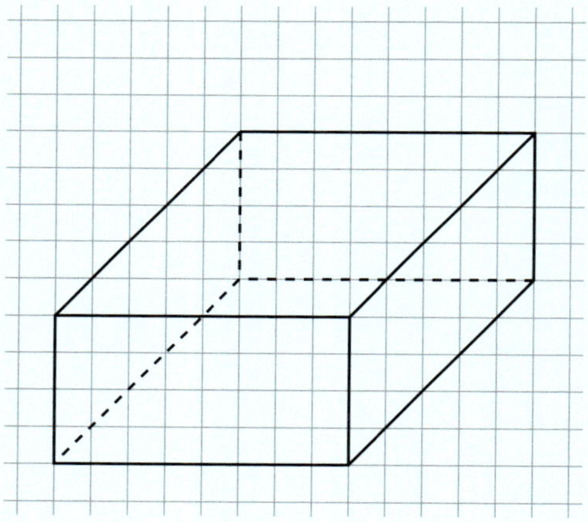

2

a)

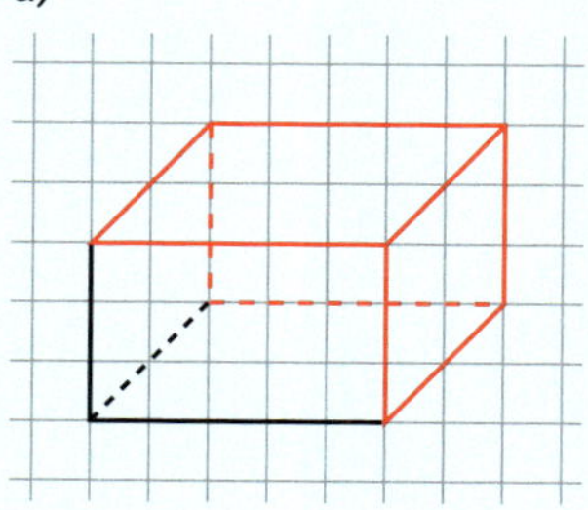

b)

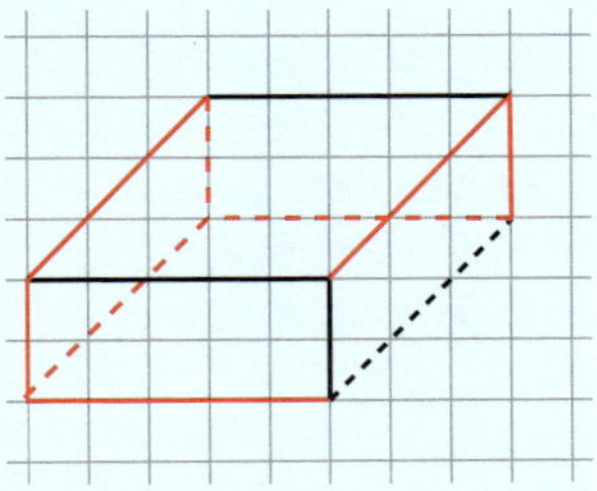

c)

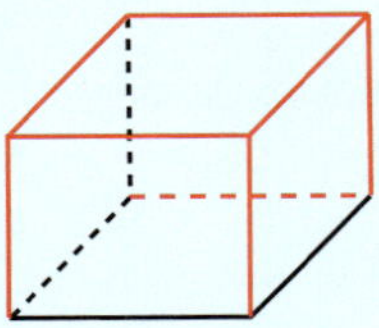

3

a)

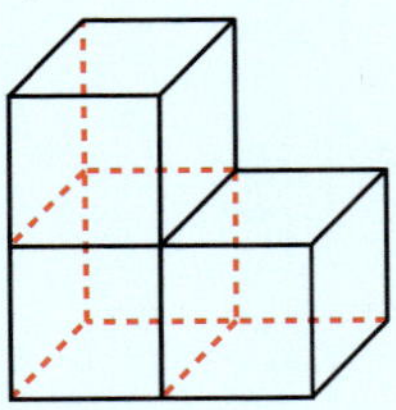

b)

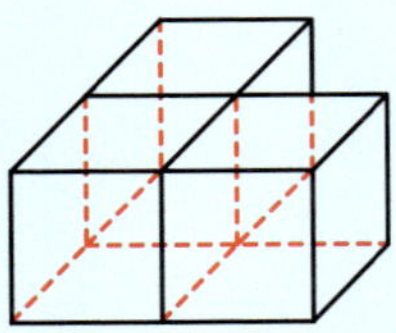

c)

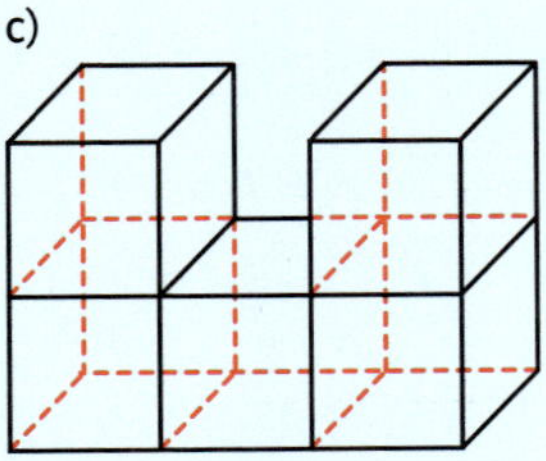

4

a)

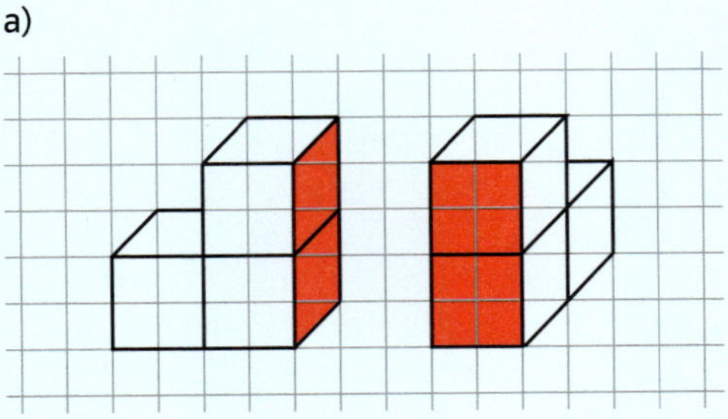

b)

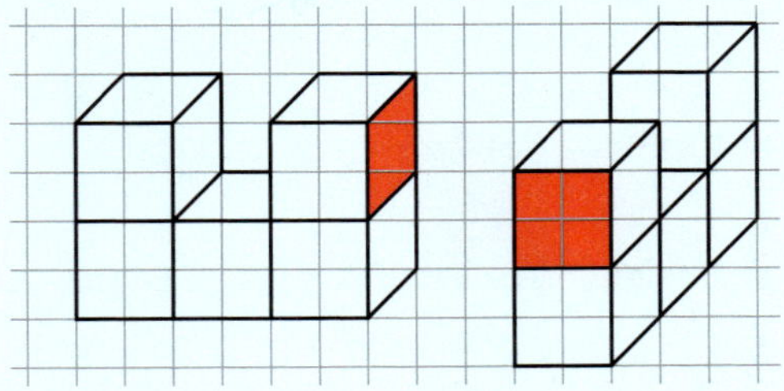

5

a) Ansicht von oben:

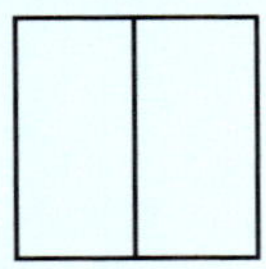

Ansicht von rechts:

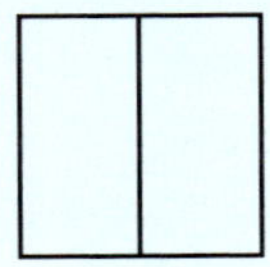

Ansicht von vorne:

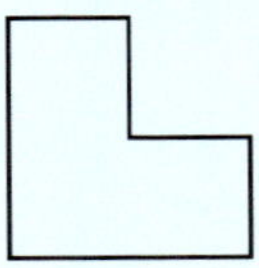

b) Schrägbild:

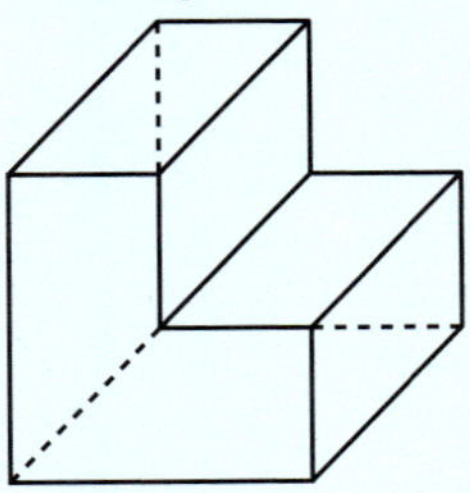

c) Man braucht sechs Würfel.

6

Folgende Aussagen sind richtig: b), d) und f).
Alle anderen sind falsch.

4 Rauminhalt eines Quaders

1

a) $10\,cm^3$ b) $7\,cm^3$ c) $10\,cm^3$

2

a) 7 Würfel b) 9 Würfel c) 17 Würfel

3

a) $84\,cm^3$ b) $4800\,dm^3$

c) $5\,000\,000\,mm^3 = 5\,dm^3$

4

Höhe des Quaders: $(240:60)\,cm = 4\,cm$

Beispielsweise:

	Länge	Breite	Höhe
1. Möglichkeit	12cm	5cm	4cm
2. Möglichkeit	10cm	6cm	4cm

5

	Länge	Breite	Höhe
1. Quader	5 m	4 m	2 m
2. Quader	10 cm	**6 cm**	**5 cm**
3. Quader	150 cm	**4 m**	4 m
4. Quader	**5 m**	30 dm	80 cm

	Inhalt der Grundfläche	Rauminhalt	Oberflächeninhalt
1. Quader	**$20\,m^2$**	**$40\,m^3$**	**$76\,m^2$**
2. Quader	$60\,cm^2$	$300\,cm^3$	**$280\,cm^2$**
3. Quader	**$6\,m^2$**	$24\,m^3$	**$56\,m^2$**
4. Quader	$15\,m^2$	**$12\,m^3$**	**$4280\,dm^2$**

6

a) Rauminhalt: $6 \cdot 4 \cdot 5\,dm^3 =$ 120 Liter

b) Grundfläche: $24\,dm^2$; Höhe des Wassers: $(72:24)\,dm = 3\,dm = 30\,cm$.

7

Rauminhalt des ursprünglichen Quaders:
$5 \cdot 4 \cdot 2\,cm^3 = 40\,cm^3$.
Grundfläche des neuen Quaders:
$20 \cdot 20\,cm^2 = 400\,cm^2 = 40\,000\,mm^2$
Rauminhalt des neuen Quaders:
$40\,cm^3 = 40\,000\,mm^3$
Höhe des neuen Quaders:
$(40\,000 : 40\,000)\,mm = 1\,mm$.

8

a) Man kann den Körper zu einem Quader ergänzen.

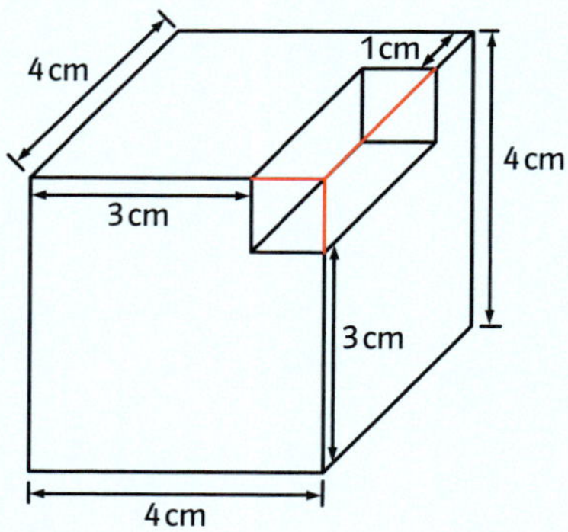

Rauminhalt:
$4 \cdot 4 \cdot 4\,cm^3 - 3 \cdot 1 \cdot 1\,cm^3 = 64\,cm^3 - 3\,cm^3 = 61\,cm^3$

b) Man kann den Körper auf zwei Arten in zwei Quader zerlegen.

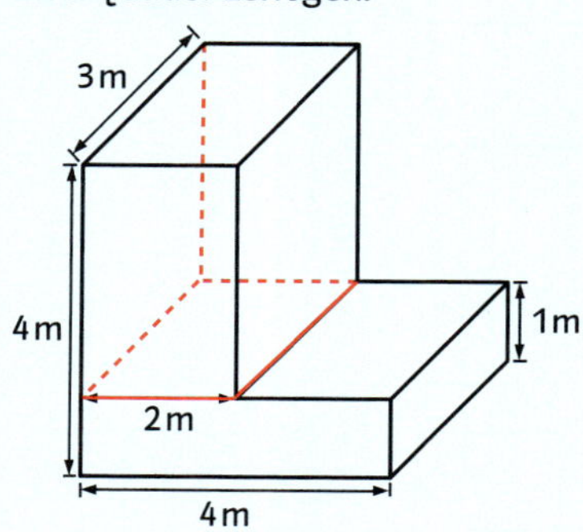

oder:

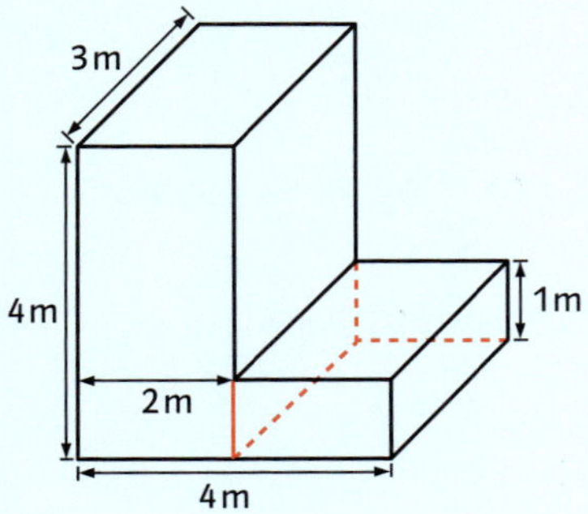

Rauminhalt:
$4 \cdot 3 \cdot 1\,cm^3 + 2 \cdot 3 \cdot 3\,cm^3 = 12\,cm^3 + 18\,cm^3 = 30\,cm^3$ oder:
$2 \cdot 3 \cdot 1\,cm^3 + 2 \cdot 3 \cdot 4\,cm^3 = 6\,cm^3 + 24\,cm^3 = 30\,cm^3$

c) Man kann den Körper in drei Quader zerlegen oder durch einen Quader so ergänzen, dass man ihn in zwei Quader zerlegen kann.

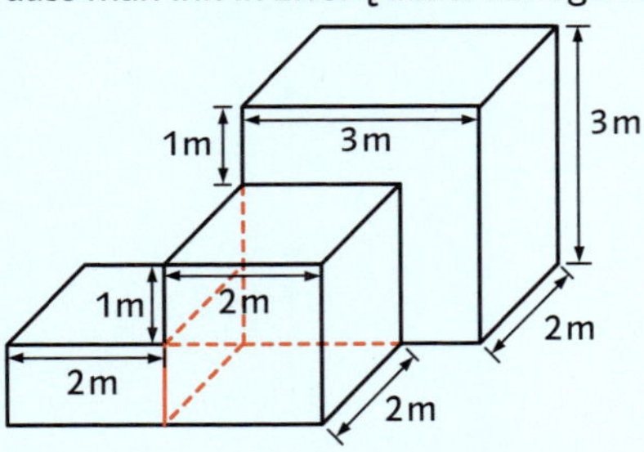

oder:

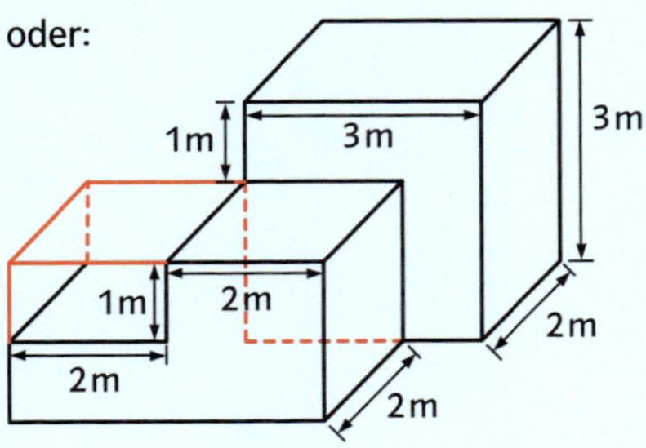

Rauminhalt:
$2 \cdot 2 \cdot 1\,cm^3 + 2 \cdot 2 \cdot 2\,cm^3 + 3 \cdot 2 \cdot 3\,cm^3$
$= 4\,cm^3 + 8\,cm^3 + 18\,cm^3 = 30\,cm^3$
oder:
$4 \cdot 2 \cdot 2\,cm^3 - 2 \cdot 2 \cdot 1\,cm^3 + 3 \cdot 2 \cdot 3\,cm^3$
$= 16\,cm^3 - 4\,cm^3 + 18\,cm^3 = 30\,cm^3$

5 Rechnen mit Rauminhalten

1

a) $12\,m^3 = 12\,000\,dm^3$
b) $75\,000\,cm^3 = 75\,dm^3$
c) $360\,000\,mm^3 = 360\,cm^3$
d) $12\,m^3 = 12\,000\,000\,cm^3$

2

a) $5250\,dm^3$ b) $5025\,dm^3$
c) $5005\,dm^3$ d) $5\,000\,250\,cm^3$
e) $5\,000\,025\,cm^3$ f) $50\,050\,dm^3$

3

a) $4\,m^3 = 4000\,dm^3$ b) $25\,000\,mm^3 = 25\,cm^3$
c) $25\,000\,m^3 =$ ______ ha **nicht lösbar**
d) $2\,dm^3 = 2\,000\,000\,mm^3$
e) $50\,dm^3 = 50\,000\,cm^3$
f) $1000\,dm^2 =$ ________ m^3 **nicht lösbar**
g) $2000\,dm^3 = 2\,m^3$ h) $47\,000\,mm^3 = 47\,cm^3$

4

Richtige Aussagen: a) und c).

5

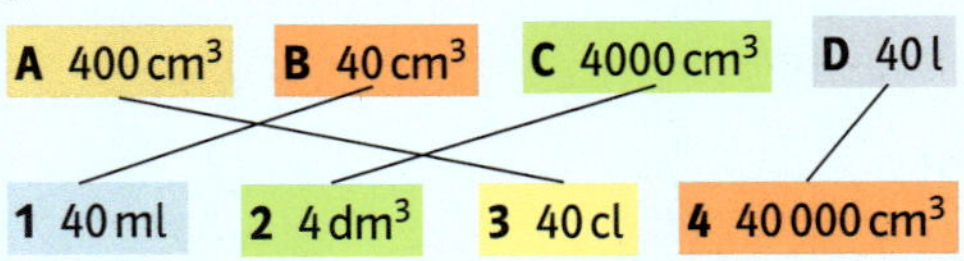

6

a) $23\,l = 23\,dm^3$ b) $48\,l = 48\,000\,cm^3$
c) $5\,cl = 50\,cm^3$ d) $60\,ml = 60\,000\,mm^3$
e) $20\,hl = 2\,m^3$ f) $80\,ml = 8\,cl$
g) $5\,l\;20\,ml = 5020\,cm^3$ h) $5\,l\;20\,cl = 5200\,cm^3$
i) $5\,hl\;25\,l = 525\,dm^3$

7

a) $1000\,cm^3 = 1\,dm^3$ b) $455\,545\,cm^3$
c) $3500\,dm^3$ d) $3950\,dm^3$
e) $3995\,dm^3$ f) $2000\,cm^3 = 2\,dm^3$
g) $40\,000\,cm^3 : 50 = 800\,cm^3$
h) $3060\,dm^3 : 2 = 1530\,dm^3 = 1\,m^3\;530\,dm^3$

8

a) $400\,dm^3$ b) $940\,dm^3$
c) $999\,dm^3\ 400\,cm^3 = 999\,400\,cm^3$
d) $999\,dm^3\ 940\,cm^3 = 999\,940\,cm^3$
e) $940\,cm^3$

9
Richtige Linien: a, c, d, e, h, i, m, n, o

10
Tankinhalt: $3\,m^3 = 3\,000\,000\,cm^3 = 300\,000\,cl$
Anzahl der Probefläschchen:
$300\,000 : 5 = 60\,000$

11
a) Gesamtflächeninhalt der Wände und der Decke:
$2 \cdot (44 \cdot 25\,dm^2 + 30 \cdot 25\,dm^2) + 44 \cdot 30\,dm^2 =$
$5020\,dm^2 = 50\,m^2\ 20\,dm^2$
b) Rauminhalt: $44 \cdot 30 \cdot 25\,dm^3 = 33\,000\,dm^3 =$
33 000 Liter $= 33\,m^3$
c) Zeit, für die die Luft reicht:
$(33\,000 : 5)\,min = 6600\,min = 110$ Stunden

Test 1

1
a) B, C b) B c) A

2
a) 17 000 b) 1700 c) m^3 d) 1050
e) 150 f) m^3 g) 2 h) 5050

3
A und B C und H D und E

4
a) C, D, F b) A, D

5
a) $O = 132\,m^2$; $V = 80\,m^3$
b) $= = 2195\,cm^2$; $V = 1500\,cm^3$

6
Breite: 4 cm; Höhe: 8 cm

Test 2

1
a) 11 Würfel b) 19 Würfel c) 53 Würfel

2
a) Körper: quadratische Pyramide
Kanten: A, C, D
b) Körper: Quader
Kanten C, D, E, F

3
a, b, d, g

4
a) $1\,dm^3$ b) $1\,cm^3$ c) $10\,m^3$ d) $1\,m^3$

5
Gewicht der Erde: 10,8 t

VI Ganze Zahlen

1 Rechenausdrücke

1

a)

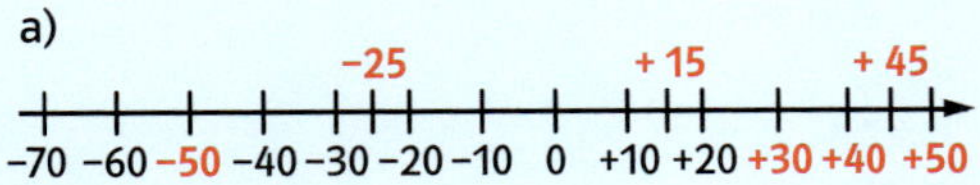

b)

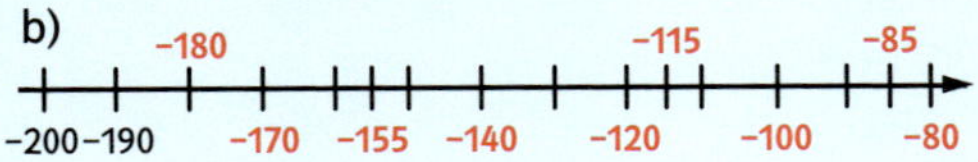

2

a)

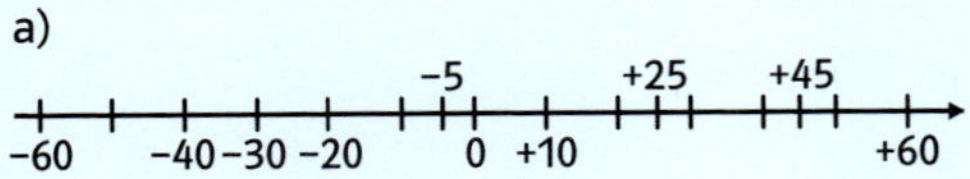

b)

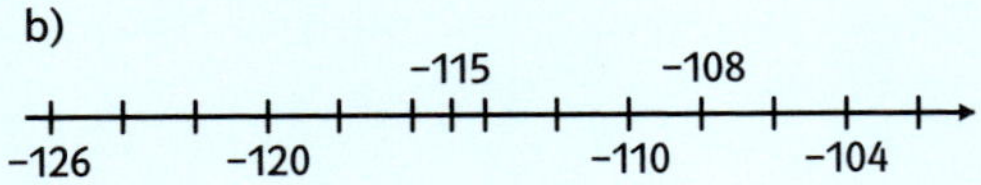

3

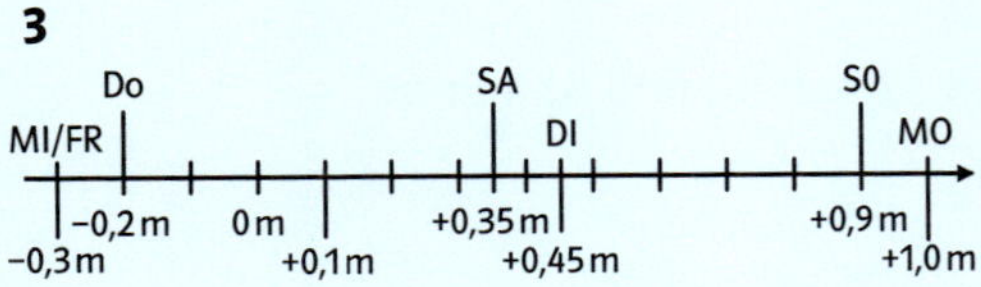

4

a) Rolf

Wurf		R5	L6	L6	L2	R4	R4
Standort	0	5	−1	−7	−9	−5	−1

Hans

Wurf		L5	L3	R2	R5	R4	L1
Standort	0	−5	−8	−6	−1	3	2

Rolf steht näher bei 0. Hans muss L3 erzielen.

b) R1, R4 oder R 2, R3 oder R6, L1, …

5

a)

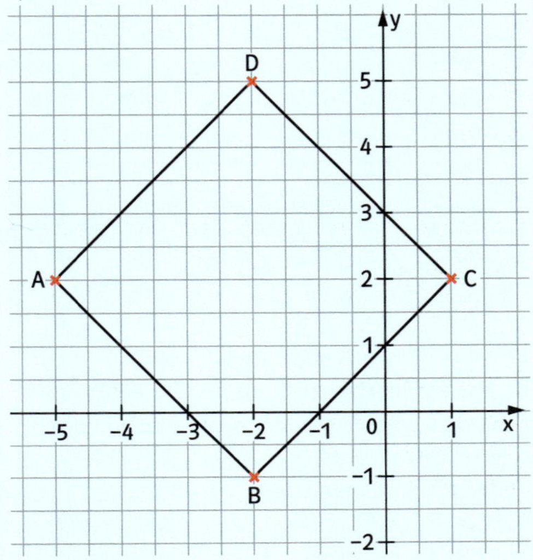

b) D(−2 | 5)

6

a) Die Schnittpunkte des Kreises mit der x-Achse haben die Koordinaten (1 | 0) und (7 | 0). Die Kreispunkte mit der x-Koordinate 4 haben die y-Koordinaten 3 und −3.

b) Die Gerade schneidet die y-Achse im Punkt (0 | −1).

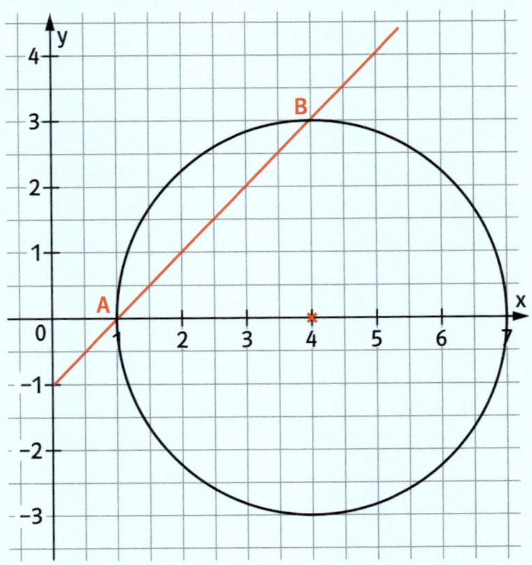

Lösungen

7

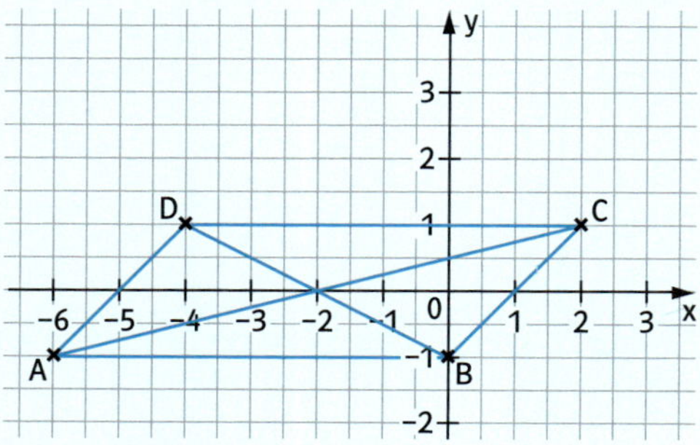

a) Das Viereck ist ein Parallelogramm.
b) Das Symmetriezentrum hat die Koordinaten (−2 | 0). Das Viereck hat den Flächeninhalt $6\,cm \cdot 2\,cm = 12\,cm^2$.

2 Anordnung und Betrag

1

a) $-12 < -6 < -1 < 8 < 10 < 11$

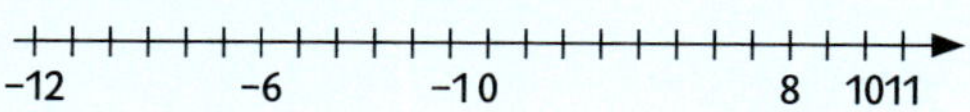

b) Den größten Betrag hat −12, den kleinsten −1. Die Zahl mit dem größten Betrag hat den größten Abstand von Null, die Zahl mit dem kleinsten Betrag hat den kleinsten Abstand von Null.
c) −6; −1; 8
Gehe von Null aus 10 Schritte (Einheiten) nach links bzw. rechts. Zahlen, die innerhalb dieses Bereichs liegen, erfüllen die Bedingung.
d) In der Mitte von −17 und 9 liegt −4. −4 liegt von −17 und +9 jeweils 13 Einheiten entfernt.

2

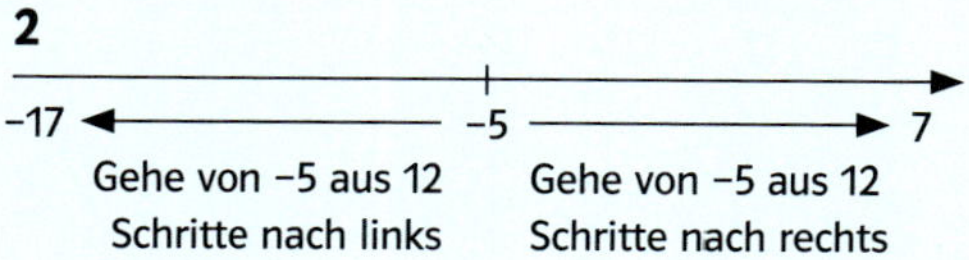

3

	15	−15	−13	−3	104
Die Zahl liegt auf der Zahlengeraden links von −4.		x	x		
Die Zahl ist größer als 13.	x				x
Die Zahl ist durch 4 teilbar.					x
Es ist eine natürliche Zahl.	x				x
Der Betrag der Zahl ist größer als 3.	x	x	x		x
Der Betrag der Zahl ist kleiner als 20.	x	x	x	x	

4

Genau zwei Eigenschaften haben die Zahlen +2 und −4.

3 Zunahme und Abnahme

1

a) 0,20 m; −0,05 m
b) +0,05 m: FR – SA
−0,05 m: MI – DO; SA – SO

2

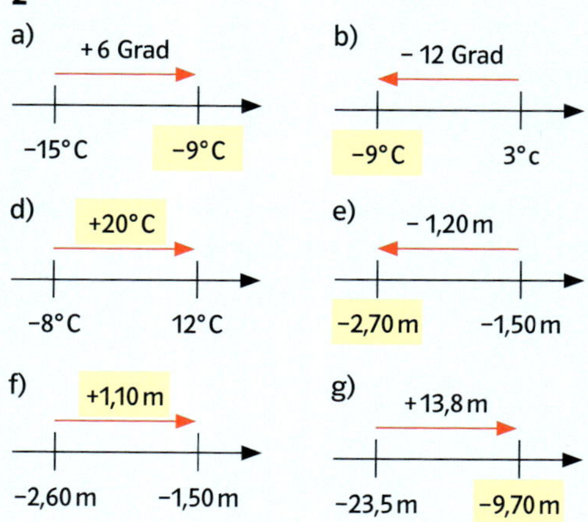

3

a) 3800 €; −1700 € b) 5

c) −17 Grad

4

−10 °C; −3 °C; −8 °C; −4 °C

4 Addieren und Subtrahieren einer positiven Zahl

1

a) 17	b) −8	c) 11
d) −23	e) −18	f) −22
g) −6	h) −17	i) −35

2

a) −41	b) −15	c) 15
d) 1	e) −171	f) −1
g) −36	h) −133	i) −99

3

a) +35	b) −23	c) −38
d) 48	e) 37	f) 27

4

−5; −10; 5; 15; 10

5

a) −119 − 39 = −158 b) −93 + 27 = −66

c) 50 + 37 = 87

6

wahr; falsch; falsch; wahr

7

Markiere −27 auf der Zahlengeraden. Gehe von dort aus um 45 Schritte (Einheiten) nach rechts. Man kommt bei 18 an: −27 + 45 = 18

5 Addieren und Subtrahieren einer negativen Zahl

1

a) 5 − 12 = −7	b) −8 − 23 = −31
c) 33 − 28 = 5	d) −20 + 14 = −6
e) −3 + 22 = 19	f) 3 + 22 = 25
g) −25 + 33 = 8	h) −25 − 33 = −58
i) 1 − 33 = −32	

2

a) −41	b) −15	c) 15
d) 41	e) 15	f) −3
g) −73	h) −1	i) 221

3

a) −2; 12; −7; −29 b) −32; −37; 34; 36

c) −11; −13; 16; −10 d) −6; −9; 3; −31

4

a) −73; −21; −20 b) −73; −18; 45

c) −90; −296; 90

5

−9: A, G, Q	9: C, E, I, L, O
−37: D, K, M, N, P	37: B, F, H, R

6

a) −22 b) 42 c) 41

7

a) 23 − 15 = −9 + 17 = 8

b) −13 + 14 = 10 − 9 = 1

c) 18 − (−19) = −55 + 92 = 37

8

a) 794	b) −1466	c) −604	d) −1370
e) 44	f) −9000	g) −4567	h) −74 900

9

a) 1002 + (−1002) = 0

b) −1002 − 1002 = −2004

c) −999 + (−265) = −1264

d) 1231 + 1231 = 2462

10

Alter Kontostand: + 23 576,73 €			
Datum	Belastung	Gutschrift	Neuer Kontostand
7.3.	45 317,50 €		−21 740,77 €
10.3.	619,27 €		−22 360,04 €
12.3.		18,75 €	−22 341,29 €
15.3.	6723,18 €	13,85 €	−29 050,62 €
20.3.		5621,20 €	−23 429,42 €
25.3.	38 729,56 €	20 621,00 €	−41 537,98 €
27.3.	731,53 €	12 713,00 €	−29 556,51 €
31.3.	13,75 €	26,18 €	−29 544,08 €

6 Verbinden von Addition und Subtraktion

1
a) 30 b) 16 c) 14 d) −44
e) −10 f) −8 g) −36 h) 5

2
−1: A, D, F, G, H 1: B, C, E, I

3
a) 18 + 22 − 31 = 9 b) −27 − 3 + 30 = 0
c) −43 − 17 + 18 + 12 = −30
d) 15 + 35 + 170 − 33 − 18 = 169

4
a) −11 b) −55 c) −53

5

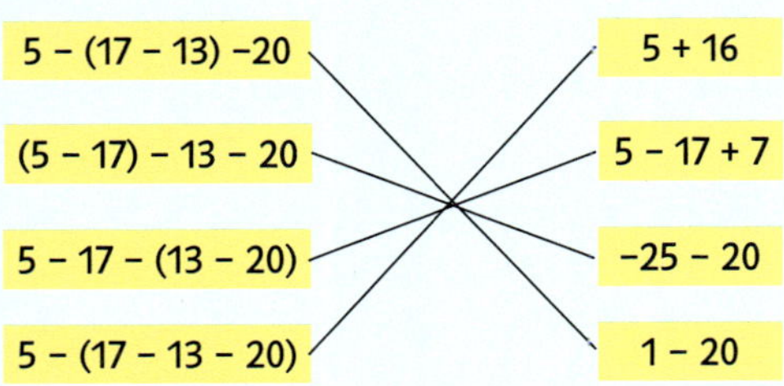

6
A (IV) B (I) C (II)

7
a) 1054 b) −1810 c) −1166 d) −1586

7 Multiplizieren von ganzen Zahlen

1
a) −54 b) −64 c) 30 d) 96
e) −90 f) 80 g) 63 h) −15
i) 60

2
a) −1000 b) 130 000 c) 10 000

3
a) 75 b) $-3 \cdot 13$; $3 \cdot (-13)$ c) −12

4
a) 65 b) 7 c) −5

5
a) −1; −1 b) −8; 8
c) 0; −91 d) −27; 0

6
A; D; F, H; M B; C; E; G; K; L; N

8 Dividieren von ganzen Zahlen

1
a) −4 b) 5 c) 7 d) −3 e) −7
f) −7 g) 11 h) −4 i) −1

2
a) 560 b) −560 c) 56
d) 56 e) −56 000 f) 5600

3
a) −11 b) −11 c) 11 d) 11 e) −11

4
$-600 \cdot (-30)$

5

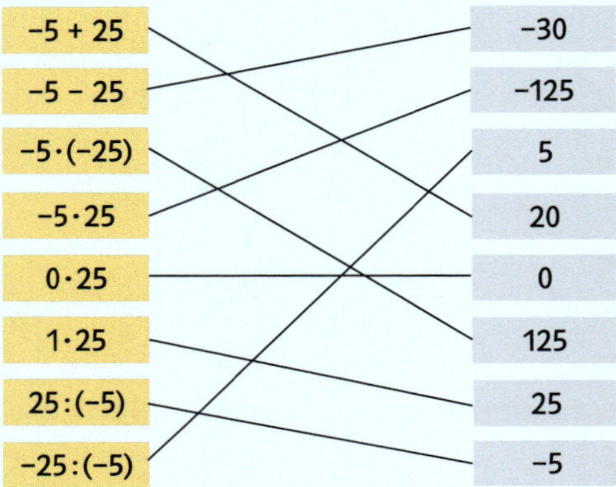

6

		Summe	Differenz	Produkt	Quotient
32	4	36	28	128	8
−45	9	−36	−54	−405	−5
−30	−6	−36	−24	180	5
48	−4	44	52	−192	−12

7

x	y	x + y	x − y	x·y	7·y	y·y
3	−19	−16	22	−57	−133	361
−21	−5	−26	−16	105	−35	25

8
a) −57 135 b) 26 214 c) −35
d) 498 e) −52 875 f) −714 177

9
a) −1599 b) −55 c) −2028

10
a) 88 b) −124 c) −22

9 Verbindung der Rechenarten

1
a) −57 b) −47 c) 8 d) −16
e) 30 f) 99 g) −45 h) −48

2
a) 0 b) 0 c) −55 d) 13

3
a) $-7 \cdot 13 + 15 = -76$
b) $75 : (-5) - 15 = -30$
c) $-8 \cdot (-15) + 7 \cdot (-9) = 57$
d) $-6 \cdot 12 - 23 = -95$
e) $63 : (-21) - 12 \cdot (-9) = 105$

4
a) $-65 + 18 = -47$ Vorzeichenfehler
richtig: $13 \cdot 5 + 18 = 83$
b) $48 - 30 = 18$ Punkt vor Strich
richtig: $8 \cdot (6 - 6) \cdot 5 = 0$
oder: $8 \cdot 6 - 6 \cdot 5 = 48 - 30 = 18$

5
a) −2 b) 5 c) 5
d) 16 e) 45 f) 40

6
$-26 : 13 + 4 = $ **2**
$2 - 2 \cdot 2 = $ **−2**
$6 \cdot 13 - 8 \cdot 13 = -26$
$9 \cdot 18 - 7 \cdot 18 = 36$
$3 \cdot 9 - 29 = $ **−2**
$10 - 23 + 11 = $ **−2**
$2 \cdot 2 - 2 = $ **2**
$102 : 51 - 2 \cdot 2 = $ **−2**
$4 \cdot 4 - 2 \cdot 2 \cdot 2 \cdot 2 - 2 = $ **−2**

7
a) −40; −54 b) −130; 14; −200

8
a) −24 b) 12 c) −25 d) 3
e) 52 f) 29 g) 17 h) −120

9
a) −27 b) −26 c) −58
d) 11 e) −110 f) −5

10

x	y	8·(x + y)	8·x + y
5	7	96	47
−5	7	16	−33
−5	−7	−96	−47

11

A gehört zu (III); 14
B gehört zu (IV); −8
C gehört zu (II); −1040
D gehört zu (I); −130

12

a) 21714 b) 2939 c) 706

Test 1

1

a) $-20 < -17 < -8 < 0 < 5 < 7$
b) −20; 0
c) −8; 0; 5; 7
d) −33
e) 0

2

a) 2050 € b) −1050 € c) 1850 €

3

a) 15 b) −48 c) 96 d) −8
e) −10 f) 13 g) −9 h) −3

4

a) − b) + c) −
d) −; + e) −; + f) +; −

Test 2

1

−76; −74; −72

2

a) −15 b) −31 c) −52

3

a) wahr b) falsch c) wahr

4

a) 29 b) 10

5

a) falsch b) falsch c) wahr d) falsch

6

a) −8 b) −50 c) −5 d) 0
e) 1500 f) −100 g) −1000 h) 10

7

a) 0 b) −39